Rolf Potthoff, Achim Nöllenheidt (Hg.)

Damals auf'm Pütt

Erinnerungen aus dem Bergmannsleben im Ruhrgebiet

Titelbild:
Kurbeltelefone und Signalanlagen sorgten – wie hier auf der Zeche Carl Funke in Essen-Heisingen (1952) – für eine Verbindung zwischen Unter- und Übertage.
Josef Stoffels/Fotoarchiv Ruhr Museum

Bibliografische Information der Deutschen Nationalbibliothek
Die Deutsche Nationalbibliothek verzeichnet diese Publikation in der Deutschen Nationalbibliografie; detaillierte bibliografische Daten sind im Internet über www.dnb.de abrufbar.

Impressum

3. Auflage Februar 2026
Umschlagfoto: Ruhr Museum / Josef Stoffels
Satz und Gestaltung: Achim Nöllenheidt
Umschlaggestaltung: Ina Zimmermann
Druck und Bindung: Drukkerij Wilco B.V., Vanadiumweg 9,
NL–3812 PX Amersfoort

ISBN 978-3-8375-2495-6

KLARTEXT

Jakob Funke Medien Beteiligungs GmbH & Co. KG
Jakob-Funke-Platz 1, 45127 Essen
info.klartext@funkemedien.de
www.klartext-verlag.de

Inhalt

Rolf Potthoff / Achim Nöllenheidt
Vorwort 6

Klaus Tenfelde
Vor dem „Ruhrgebiet“ 8

Klaus Tenfelde
Pioniere der Schwerindustrie 12

Thomas Wels / Achim Nöllenheidt
Schicht am Schacht 16

Klaus Tenfelde
Industriekultur. Eine europäische Erbschaft 18

Erinnerungen
Beruf: Bergmann 21
In der Kolonie 69
Im Angesicht des Todes 89
Dahlbusch 117
Vor Ort 127
„Morgenwind“ und andere Grubenpferde 165

Kleine Chronik des Ruhrbergbaus 177
Glossar 182
Autoren | Erinnerungen 190
Autoren und Herausgeber 191
Bildnachweis 192

Rolf Potthoff / Achim Nöllenheidt

Vorwort

Der Bergbau im Ruhrgebiet ist eine wunderbare, aber auch sehr hart erarbeitete Erfolgsgeschichte. Die Kohle gab Millionen von Menschen Arbeit und Brot. Sie bot abertausenden Männern und Frauen, die mit Beginn der Industrialisierung im 19. und frühen 20. Jahrhundert hierher zogen, eine neue Heimat und neue Lebensperspektiven. Der Bergbau hat das Kaiserreich und das nationalsozialistische Deutschland unter dem Hakenkreuz überdauert. Und ganz besonders auch dies: Die Bundesrepublik verdankt dem Bergbau und den auf den damals vielen Schachtanlagen tätigen Menschen den Aufstieg aus Ruinen nach dem Krieg. Das „Wirtschaftswunder" war in aller Welt ungläubig bestaunt worden; und eine seiner vitalen und starken Wurzeln, sie lag hier im Revier.

Der Bergbau war ein imponierender Sektor der deutschen Wirtschaft. Mitte der fünfziger Jahre waren darin annähernd 600.000 Menschen beschäftigt. In mehr als 140 Schachtanlagen lief der Betrieb; mehr als 130 Millionen Tonnen als Jahresleistung haben die Männer seinerzeit aus der Tiefe geholt. Aber dieses Buch ist kein Buch der Daten, Förderzahlen und trockenen Wirtschaftsbilanzen. Es ist ein Buch der Menschen – vor Ort und in ihren Familien. Ihre Lebensart prägte im Ruhrgebiet ganze Stadtteile und erst recht die „Kolonie".

Dass Bergleute einst Zigtausende zählten, macht sie scheinbar austauschbar, irgendwie „anonym". Aber in Wahrheit hat natürlich jeder Einzelne von ihnen seine höchst persönliche Bergbaugeschichte und natürlich viele Geschichten „auf Zeche" und rund um den Kohlenbetrieb erlebt. Die Redaktion der Westdeutschen Allgemeinen Zeitung wollte, dass solche Geschichten, Erlebnisse und Erfahrungen nicht eines Tages verloren gehen. Deshalb rief die WAZ im Jahr 2009 ihre Leser auf, aus ihrem Bergmannsleben zu berichten. Um das Thema überschaubar zu halten, war der Aufruf auf die Zeit zwischen dem Ende des Zweiten Weltkriegs, 1945, und den späten 1960er-Jahren begrenzt. Die Sechziger waren jene für die „Kumpel" bitteren Jahre, in denen längst schon Schachtanlagen geschlossen waren und schwarze Fahnen von den Fördertürmen und über dem Ruhrgebiet wehten.

Wir haben eine Fülle an Geschichten bekommen. Viele dramatische Erlebnisse waren darunter, manche buchstäblich auf Leben und Tod. Unvergessen sind hier die katastrophalen Zechenunglücke mit einer Vielzahl von Toten, die noch mehr Hinterbliebene trauernd zurückließen.

Andere Erinnerungen vermitteln phantasieanregende Einblicke in den ganz normalen Alltag. Es sind Texte, die über das Leben der Bergmannsfamilie berichten oder darüber, wie der spätere Kumpel überhaupt erst zum Bergmannsberuf kam – das geschah bei weitem nicht immer, um sich mit der Arbeit unter Tage einen Herzens-Berufswunsch zu erfüllen. Das geschah vor allem in der frühen Nachkriegszeit oft aus purer wirtschaftlicher Not: In den überwiegend ländlichen Gegenden im Norden und Süden Westdeutschlands waren Arbeit und Lehrstellen rar. Im Ruhrgebiet aber wurden zupackende Hände gebraucht, und junge Männer, zumeist im Alter von weit unter 20, kamen ins Land der Zechen, um wenigstens eine Zeit lang über die Runden zu kommen. Wohl die meisten waren es, die dann für immer blieben.

Aber es gab auch die vielen anderen, deren Väter und Großväter bereits Kohle abgebaut hatten. Es gehörte für sie einfach zur „Ehre der Familie" – wenn sie erst einmal alt genug geworden waren – im Bergbau anzufangen wie ihre Vorgängergenerationen. Der Pütt war buchstäblich ihr Leben. Und so ist in den Beiträgen auch immer wieder der Stolz zu erkennen, „dazugehört" zu haben. Kameradschaft ist ein zentraler Begriff. Jeder wusste: Er musste und er konnte sich hundertprozentig auf den Anderen verlassen – im normalen Arbeitsalltag und erst recht in der Not. Was im Übrigen für Untertage galt und auch in der Nachbarschaft, im privaten Bereich. Viele Texte spiegeln diesen im Bergbau mehr als in etlichen anderen Berufen verbreiteten Charakterzug wider.

Das Leben in der Zechenkolonie wird in einigen Beiträgen geschildert. Da lag das „Klo" noch eine Treppe tiefer; da zog man Kaninchen im Stall auf und wickelte den wöchentlichen Waschtag in der Waschküche auf dem Hinterhof ab. Und manche anrührende Episode setzt dem Grubenpferd ein kleines Denkmal.

Wir danken allen, die uns die Geschichten aus ihrem Leben zugesandt haben. Sie sind hochinteressant, amüsant, dramatisch. Es sind persönliche Erinnerungen, die zugleich aber auch einen Teil Kulturgeschichte des Ruhrgebiets darstellen. Diese Beiträge lassen den Respekt vor den Bergbaubeschäftigen wachsen – und es hätte ihnen und ihren Angehörigen gut getan, hätten sich mehr Verantwortliche in Politik und Wirtschaft an ihre Lebensleistung erinnert, als sie mit dem Rückzug des Bergbaus begannen: Wer auf den Zechen – oft unter den härtesten Bedingungen, manchmal auf Leben und Tod – gearbeitet hat, verdient größte Wertschätzung.

Klaus Tenfelde

Vor dem „Ruhrgebiet“

Diese Stadtregion, das „Revier“, ist so alt wie jede andere europäische Kulturlandschaft, aber ihren Namen erhielt sie erst ganz am Ende einer Jahrtausende währenden Siedlungsgeschichte. Und so ganz klar ist bis heute nicht, was denn wohl die Grenzen der Metropole ausmacht.

Spuren menschlicher Besiedlung reichen in die Zeit des Neandertalers zurück. Völlige Sicherheit über die Bezeichnung der frühesten ansässigen Völker in der Region gibt es nicht. Die Kelten lassen sich nachweisen, zu römischer Zeit die Brukterer und Chatten, später die Franken und im Nordosten sächsische Stämme, mit denen sich Karl der Große, der Frankenkönig und seit dem Jahr 800 erster Kaiser in der Mitte und im Westen Europas, über Jahrzehnte blutige Schlachten liefern sollte.

Denn es hat nicht weniger als drei Jahrhunderte an bösen Kämpfen zwischen christlichen Franken und heidnischen Stämmen gedauert, bis die Region, am Beginn des 9. Jahrhunderts, endlich dem neuen Glauben zugehörte. Auch danach sollte heidnisches Brauchtum auf lange Zeit nachwirken. So ist, im Groben, eine wichtige Grenze schon sehr früh zu erkennen: diejenige zwischen den römisch zivilisierten, seit dem Kaiser Konstantin zu Beginn des 4. Jahrhunderts christlichen, linksrheinischen Gebieten, ausstrahlend bis zur Lippe und darüber hinaus. Aber schon in der Varusschlacht waren die Römer weiter im Norden dauerhaft zurückgeworfen worden. Anders als im Westen und Süden Europas, sollten die Völker im Norden und Nordosten des Ruhrgebiets lange Zeit hartnäckig in ihren rüden Glaubenssitten verharren. Später mochte man sie Westfalen nennen.

In ottonischer Zeit (11. und 12. Jahrhundert), als Deutschland Form gewann, glich unsere Region jeder beliebigen anderen in dem damals noch ganz lockeren Herrschaftsgefüge. Aber von nun an gibt es historische Quellen, die dauerhafte Besiedlung bezeugen. Die Klöster spielten die entscheidende Rolle: als Zentren des Glaubens, Bildungsorte und Grundeigentümer, beschenkt durch den hohen Adel und die Königshäuser. Eines davon war die Abtei Essen-Werden, gegründet durch Liudger, den späteren ersten Bischof von Münster, um das Jahr 800. Noch heute birgt die Schatzkammer in Werden Prunkstücke früher Christlichkeit – und wer weiß noch, dass Werden über Jahrhunderte Aufbewahrungsort des ältesten Zeugnisses germanischer Sprachlichkeit, der Gotenbibel des Bischofs Wulfila („Codex Argenteus“), gewesen ist? Von hier nahm auch in gewisser Weise die Erschließung des Ruhrgebiets ihren Ausgang: Die berühmten Essener Urbare, das sind Besitzverzeichnisse der Klöster, verzeichnen seit Ende des 9. Jahrhunderts erstmals Siedlungsnamen der Region, darunter etwa Dortmund (Throtmani) und Bochum.

Noch in fränkischer Zeit, nach 850, entstand außerdem inmitten der späteren Stadt Essen eine weitere klösterliche Gründung, das Stift, ein Ort christlicher Bildung für unverheiratete adlige Damen. Die jeweilige Äbtissin entstammte stets höchsten Kreisen und war für Jahrhunderte eigentliche Herrin der nun bald wachsenden Stadt – auch wenn die Stadtbürger solche Herrschaft stets zu begrenzen versuchten. Es war denn auch nicht so sehr Essen, sondern vor allem Dortmund, wo sich stadtbürgerliches Leben ziemlich früh und reich entfalten sollte. Dortmund verfügte schon am Ende des 10. Jahrhunderts über eigene Marktrechte, und die Stadt umgab spätestens seit Mitte des 12. Jahrhunderts eine Befestigungsmauer. Von nun an, in staufischer Zeit, nahm die Bevölkerung zu, das Städtenetz wurde dichter. Dortmunder Stadtrecht, das wiederum in jahrzehntelangen Kämpfen den Grafen von Dortmund abgetrotzt worden war, erlangte Bedeutung über die Grenzen der Stadt hinaus. Als freie Reichs- und Hansestadt, als gewerbliches und kulturelles Zentrum, nicht etwa als Westfälische Metropole, wurde Dortmund ein in der Umgebung an Bedeutung allenfalls durch Soest erreichter Ort. Es war der Hellweg, schon in ältester Zeit die große west-östliche Handelsstraße, der im Kern solchen Ruhm begründete.

Diese bedeutende Vorgeschichte des Ruhrgebiets unterschätzt man leicht. Wir stehen immer noch im Bann der großen Zeit der Kohle und des Stahls seit der Mitte des 19. Jahrhunderts. Wenn davon auch heute nur noch wenig zu spüren ist, so hat diese neuere Geschichte die älteren Blütezeiten der Region in der gegenwärtigen Wahrnehmung doch deutlich überlagert. Dabei war und ist sie ebenso reich an Burgen und Schlössern, an bedeutenden Sakralbauten und Schätzen der Kunst wie viele andere Regionen in der Mitte Europas!

Von der Kohle ist aber in den alten Quellen kaum die Rede. Eher schon sprach man vom Eisen, jenem so wichtigen Rohstoff, der damals aber noch nicht im Ruhrgebiet verarbeitet wurde. Erze verschiedener Art, gar Spuren von Gold, wurden weiter im Süden, im Sieger- und Sauerland, teilweise seit römischer Zeit gefördert und dort, wo es große Wälder gab, wegen der hierfür notwendigen Holzkohle auch verhüttet. Südlich des Ruhrgebiets, im Bergischen Land und bis nach Hagen und Iserlohn, entstand deshalb eine frühe Eisen verarbeitende Industrie. In den flussreichen Tälern dröhnte so mancher Eisenhammer, betrieben durch Wasserkraft. Unentbehrliche Gegenstände des Handwerks, Schaufeln, Pflüge und Messer und nicht zuletzt die Werkzeuge des Krieges, wurden hier geschmiedet. Davon ist, nach Norden hin, allenfalls das Ruhrtal berührt worden.

Und die Kohle, die konnte man so recht noch gar nicht gebrauchen. Sicher, es gibt die Legende vom Hirtenjungen, der sich am nächtlichen Feuer wärmte und anderntags bemerkte, dass die „Steine" immer noch glühten. Das klingt hübsch, ist aber frei erfunden: Wer hier als Bauer seine Felder bestellte und Holz im Wald schlug, dürfte immer schon die „schwarzen Steine" gefunden und hier und da genutzt haben. Je teurer die Holzkohle wurde, umso besser wurden die Chancen für die Steinkohle: für das Schmiede- und Bäckerhandwerk etwa, bald dann für den Hausbrand in den Städten.

Als dies begann, im hohen und späten Mittelalter, blühte längst der Bergbau auf Silber, Salz und andere Erze in vielen Regionen Mitteleuropas – nicht hingegen im Ruhrgebiet. Erste Quellen über eine gewisse „Kohlegräberei" bei Dortmund sind aus der Zeit um 1300 auf uns gekommen. Damals waren die belgischen Reviere um Lüttich weit besser entwickelt, und die große Stadt Köln dürfte von dort oder aus dem Eschweiler Raum Kohlen bezogen haben. Über die Verschiffung von Kohlen wird aus Ruhrort erstmals 1471 berichtet. Die älteste fürstliche Bergordnung für unsere Region, diejenige für Jülich, Kleve, Berg und Mark aus dem Jahr 1542, erwähnt die Steinkohle gar nicht. Aber in der Umgebung von Essen dürften damals erste „Gewerken", das sind die Unternehmer des Bergbaus, die Chancen der Kohle dort erkannt haben, wo sie, im „Ausbiss" beidseits der Ruhr, offen zutage trat.

Das ging noch wenig geordnet vor sich. Auch die Preußen, seit 1609 Herren in der Grafschaft Mark, ließen sich reichlich Zeit. Erst im 18. Jahrhundert, namentlich in der Regierungszeit Friedrich des Großen (1740–1786), kam Ordnung in die Dinge. Nun wehte ein anderer

Wind, denn die Staaten waren sich, in diesem Zeitalter des „Merkantilismus“, der natürlichen Reichtümer ihrer Ländereien bewusst geworden. Seit 1766 galt eine „Revidierte Bergordnung“, freilich längst nicht überall, aber dieses Regelwerk ist 1768 durch ein „Reglement für die Bergleute“ ergänzt und in der Folgezeit mühsam durchgesetzt worden. Es waren preußische Beamte, die an der Wiege des modernen Ruhrbergbaus standen, oft zum Leidwesen der Gewerken. Fortan, und über rund 100 Jahre, wurde der Bergbau im Ruhrgebiet „unter der Direktion“ des Staates eifrig gefördert.

Dieser und die folgenden Beiträge von Klaus Tenfelde wurden für die Erstausgabe 2009 verfasst.

Klaus Tenfelde

Pioniere der Schwerindustrie

Wer hat das Ruhrgebiet „gemacht“? Wer brachte die Kohlen- und Stahlindustrie zur Blüte: preußische und andere Beamte, wagemutige Unternehmer oder schlichte Berg- und Hüttenarbeiter aus Schlesien, dem Harz oder, später dann, gar aus England?

Spricht man von den Anfängen eines deutschen Industriestaats seit dem späten 18. Jahrhundert, dann denken viele im Ruhrgebiet gleich an Krupp, Harkort, Haniel oder die Gebrüder Dinnendahl. Das geschieht durchaus zu Recht, lässt aber manches übersehen. Denn der industrielle Aufschwung, den einige Staaten des späteren Deutschen Reichs nun nahmen, beruhte zunächst einmal auf den neuen Textilfabriken. Zu einer mächtigen Entwicklung kam es erst seit Mitte des 19. Jahrhunderts, als die Mitte Europas durch Eisenbahnen erschlossen wurde. Von jetzt an, bis in die Zeit nach dem Zweiten Weltkrieg, übernahm die Montanindustrie, also Kohle und Stahl, die Führung in jenem gewaltigen Prozess, den wir heute als „Industrialisierung“ bezeichnen. Sie sollte, ausgehend von England, die Gesellschaften Europas und Nordamerikas zutiefst verändern. In Deutschland wurde das Ruhrgebiet zur Leitregion eines rasanten wirtschaftlichen Aufstiegs.

Zu den wichtigen Voraussetzungen gehörte zunächst einmal ein reformbereiter Staat. Preußen ist durch Napoleon förmlich zu Reformen geprügelt worden. Militärisch gegen den Franzosenkaiser schmachvoll unterlegen, unternahm der Staat erst seit 1807 teilweise längst fällige Neuerungen. Die Bauernbefreiung war die wichtigste, weil sie das feudale Zeitalter beendete, dann die kommunale Selbstverwaltung des Freiherrn vom Stein, der sich zuvor bereits Verdienste um die Modernisierung des märkischen Kohlenbergbaus erworben hatte. Die Gewerbereform und mit ihr das Ende der Zünfte, die Verwaltungs-, Militär- und Bildungsreform, auch die Judenemanzipation – das waren großartige Reformwerke, getragen von einer hoch gebildeten, eher liberalen Beamtenelite.

Nicht so im Bergbau. Hundert Jahre zuvor hatte der absolutistische Staat alle Anstrengungen unternommen, den Bergbau zu fördern. Das sollte nicht zuletzt dem Steuersäckel dienlich sein, und es führte zu einer eigenen Elite von Fachbeamten, welche die „Direktion“ des Bergbaus inne hatten und so leicht nicht aus den Händen gaben. Was das hieß: Wer an welcher Stelle nach Kohlen graben durfte, das bestimmte auf Antrag das Bergamt. Es legte die Grubenbauten fest, mehr noch, es bestimmte die Preise der Kohle und die Löhne der Bergleute, und es gab sogar eigene „Berggerichte", in denen rechtliche Fragen zur Verhandlung standen. Andererseits: Diese Beamten kamen oftmals aus den alten Bergrevieren in Sachsen, Schlesien oder des Harzes, sie waren gründlich, etwa seit 1766 an der Bergakademie in Freiberg, ausgebildet worden. Sie hatten für die Zeit gute geologische und mineralogische Kenntnisse, und sie waren auch technischen Neuerungen durchaus nicht abhold.

Auch die Bergbeamten zählten also zu den Pionieren des Ruhrbergbaus. Indessen, das System selbst, die staatliche Ägide über den Bergbau, das mochten sie nicht antasten – es trug sie ja auch, machte sie erst zu dem, was sie waren: hoch angesehene Staatsvertreter, prächtig uniformiert, Autoritäten schlechthin, führende Köpfe eines „Standes" der Bergbau-Beflissenen. Und zu diesem Stand gehörten eben auch die Bergleute, die stolz darauf waren. Dieser Staat, diese Beamten sicherten den freilich kargen Lohn für die mühsame Arbeit. Wer einmal Bergmann in allen Rechten war, konnte nicht entlassen werden, es sei denn, er verhielt sich grob ungebührlich. Und wen ein Unfall oder eine Krankheit traf, der hatte Anspruch auf ärztliche Hilfe und Krankengeld und auf eine Rente, wenn er nicht mehr arbeiten konnte. Starb er, so erhielt gar die Witwe eine kleine Rente von der Knappschaft. Das war einzigartig in jener Zeit, war freilich aus alten Zeiten überkommen und wurde ins Ruhrgebiet übertragen. Ältere Bergleute waren vom Stolz auf ihren Status beseelt. Sie feierten eigene Feste, sangen eigene Lieder, beteten gemeinsam und trugen auch wohl noch eine Bergmannsuniform bei feierlichen Anlässen.

Das alles überlebte zunächst, obwohl in den anderen Branchen der aufstrebenden Industrie seit 1810 das Prinzip freier Märkte herrschte. Der moderne Kapitalismus brach sich eine freiere Bahn. Die Reform der Rechtsverhältnisse im Bergbau hinkte nach. Sie sollte erst, wiederum „von oben", nach der gescheiterten Revolution von 1848/49 gelingen und in einem neuen, dem Allgemeinen Berggesetz Preußens aus dem Jahre 1865, gipfeln. Über Jahrzehnte hatten die Unternehmer gegen diese Vormundschaft des Staats gemurrt, nun feierten sie mächtige Erfolge. Im Raum Essen und im westlichen Ruhrgebiet, das ja teilweise erst 1803 und dann auf Dauer 1815 an Preußen gefallen war, hatte es richtigen Widerstand von Unternehmern gegen die preußische Herrschaft gegeben. Das sollte nun bald vergessen sei, aber der Westen des Reviers sollte fortan irgendwie „liberaler“, eben „rheinisch“, bleiben. Und außerdem war die Lage im anderen Zweig der Schwerindustrie, dem Hüttenwesen, auch ganz anders.

Aus dieser Branche und aus dem Kohlenhandel im westlichen Ruhrgebiet wehte nämlich ein freierer Geist. Da wurde nun, zu Beginn des 19. Jahrhunderts, bereits ordentlich Geld verdient, mit der Ruhr- und Rheinschifffahrt und Exporterlösen für Kohle und Eisen bis nach Holland. Richtig groß war das längst noch nicht, aber in Oberhausen betrieb die spätere Gutehoffnungshütte bereits Hochöfen, in denen das Raseneisenerz der Emschermulde mit Holzkohle zu Roheisen verschmolzen wurde. Das war längst kein brauchbarer Stahl, aber nun, noch in der „Franzosenzeit“, kam Krupp.

Das Geheimnis der Stahls kannte man längst in England, aber auf dem Kontinent musste es noch mühsam, durch Versuch und Irrtum, errungen werden. Da zog man auch, wie Alfred Krupp selbst, schon einmal nach England, um den dortigen Praktiken auf die Spur zu kommen. Friedrich Krupp, der 1811 in Essen seine Gussstahlfabrik begründete, werkelte noch mühselig herum und starb darüber. Irgendeiner seiner Helfer hatte gar geglaubt, den besseren Stahl durch Beimischung von Kuhmist zur glühenden Masse des Roheisens erzeugen zu können! Erst sein Sohn Alfred, 1812 geboren, sollte den Stahl geradezu verkörpern. Das Zeitalter des Stahls, schrieb er 1871 – nach dem Erfolg der Kruppschen Kanonen über die französischen – an den neuen Deutschen Kaiser, sei nun angebrochen, vorbei die Zeit der Bronze, aus der man fortan allenfalls Denkmäler gießen möge.

Alfred Krupp war eine spröde Persönlichkeit. Der Aufstieg Essens zur Leitstadt der Montanregion, der Ausbau der Gussstahlfabrik zum wichtigsten deutschen Platz für die Herstellung besonders hochwertiger Stähle, ist untrennbar mit diesem hageren, selbstbewussten, auch rechthaberischen Mann verbunden. Krupp gestaltete kraftvoll seine Welt. Er baute ein betriebliches System sozialer Fürsorge auf, das damals seines Gleichen suchte. Das galt auch für das Ausmaß an Disziplin, das er im Gegenzug von seinen Arbeitern erzwang. Die Licht- und die Schattenseiten der neuen Zeit bündeln sich in dieser Persönlichkeit.

Aber da waren auch andere. Friedrich Harkort und die Gebrüder Dinnendahl machten aus Stahl Maschinen, Dampfmaschinen vor allem. Franz Haniel wagte es, weiter im Norden des Reviers einen Schacht durch den hier stark wasserführenden Mergel abzuteufen, um an die dort vermuteten, großen Kohlenschätze zu gelangen. Mit ihm begann, seit den 1840er-Jahren, das Zeitalter der Tiefbauzechen. Besonders wichtig war, dass es nun endlich gelang, aus der Ruhrkohle einen brauchbaren Koks zu backen. Daher rührte der gewaltige Aufschwung der Eisen- und Stahlindustrie: nun ließen sich, in immer größeren Hochöfen, diejenigen Mengen an Roheisen erschmelzen, derer das Land für seine Eisenbahnen und für die Infrastrukturen der rasch wachsenden Städte bedurfte. Und als man dann, im Raum Dortmund vor allem in den 1850er-Jahren, unter Tage in den Karbon führenden Schichten auch noch ergiebige Erzgänge auffand, da schien sich die Zukunft der neuen Montanelite zu vergolden: Das Erz gleich bei der Kohle, besser konnte es nicht kommen.

Dass diese Hoffnung trog, sollte sich bald erweisen. Gleich in Serie brachen allzu rasch gegründete Montankonzerne in den späten 1850er-Jahren zusammen. Das Revier begann, an seinen Krisen mehr noch zu leiden, als es von seinen Aufschwüngen zu profitieren vermochte.

Thomas Wels / Achim Nöllenheidt

Schicht am Schacht

Der Niedergang des Kohlebergbaus im Revier beginnt in den sechziger Jahren – trotz eines stetig steigenden Energieverbrauchs

Friedrich Thyssen 1/6 ließ nichts Gutes ahnen. Hier in Duisburg-Hamborn hatte der Bergbau Geschichte. Die Schachtanlage war 1872 errichtet worden, gehörte einst der Gewerkschaft Deutscher Kaiser. 1959 war Schicht am Schacht und Friedrich Thyssen 1/6 nur ein Anfang.

Die sechziger Jahre waren für den Bergbau im Revier Krisenjahre – obwohl die Wirtschaft brummte, der Energieverbrauch stetig stieg. Mitte der fünfziger Jahre bauten sich die ersten Kohlenhalden auf. Fünf Millionen Tonnen waren es damals. Fünf Jahre später notierten die Chronisten des Bergwerks General Blumenthal erfreut: „Die Konjunktur läuft auf Hochtouren, die Haldenbestände sinken um 6,4 auf 11,2 Millionen Tonnen.“ Die Hoffnung sollte nicht von Dauer sein – Freischichten und Massenentlassungen wurden Schlagwörter im Revier.

Ein Rückblick auf das Jahr 1957 zeigt, welch' gigantische Industrie in den Sechzigern vor dem Niedergang stand. Damals arbeiteten rund 400.000 Kumpel unter Tage, 170.000 Menschen in den Verwaltungen über Tage, hinzu kamen Angestellte – 50.000 an der Zahl. Hibernia, Shamrock, Theodor Heinrich – stolze Namen von Bergwerken, in denen über 600.000 Menschen ihrer Arbeit nachgingen. Insgesamt 141 Steinkohlenzechen zählte das Revier damals, 132 Millionen Tonnen Jahresförderung holten die Kumpel in der Hitze unter Tage aus dem Berg.

Dann kam die Zeit der Massenkundgebungen, Forderungen nach Mitbestimmung und Ersatzarbeitsplätzen. Heute unvorstellbar: 1963, auf einem Höhepunkt der Kohlekrise, schlossen in einem Jahr ein Dutzend Zechen ihre Tore, zehntausende Kumpel verloren ihre Arbeit. In den nur sechs Jahren zwischen 1957 und 1963 gingen 150.000 Arbeitsplätze verloren. In weiteren fünf Jahren war die Hälfte der Förderkapazität verschwunden. Und mit der Kohle ging auch so mancher Ruhm.

Der Strukturwandel hat im Sport tiefe Spuren gezogen. Ernst Kuzorra lässt grüßen: Viele begnadete Fußballer hat Deutschland dem Revier und den polnischen Einwanderern zu verdanken. Hans Tilkowski etwa. Der Torwart und Vizeweltmeister von 1966 spielte bei Westfalia Herne in der Oberliga, damals die höchste deutsche Klasse. In Katernberg kickte ein gewisser Helmut Rahn, finanziert von der Zeche Zollverein. Sodingen, Rot-Weiss Essen oder Erkenschwick sind weitere Clubs, die einst mit der Kohle groß geworden sind und heute in den unteren Ligen spielen. Schalke hat sich gehalten.

1966 leitete die Gewerkschaft Bergbau Energie die Wende ein, indem sie sich für die Gründung einer Einheitsgesellschaft zur Krisenbewältigung und Rationalisierung aussprach. 18 Bergbau-Unternehmen wie die Gelsenkirchener Bergwerks AG oder die Bergwerksgesellschaft Hibernia in Herne brachten ihr Vermögen am 27. November 1968 in die Ruhrkohle AG (RAG) ein.

Der Sinkflug des Kohlebergbaus setzte sich dennoch fort, zunächst abgemildert durch den Hüttenvertrag, der der RAG den Kohleabsatz garantierte; ab 1975 durch den Kohlepfennig, den die Stromverbraucher zu bezahlen hatten; noch später durch eine direkte Subventionierung, die die Differenz zwischen der günstigeren Importkohle und den Förderkosten ausglich.

Die Förderquoten im Steinkohlenbergbau sanken weiter dramatisch. 1973 wurden noch 80 Millionen Tonnen gefördert, 1986 62 Millionen Tonnen, 2009 11 Millionen, im Jahr 2015 ganze 2,5 Millionen Tonnen. Bereits im Dezember 2007 trat das „Gesetz zur Finanzierung der Beendigung des subventionierten Steinkohlenbergbaus zum Jahr 2018 (Steinkohlefinanzierungsgesetz)" in Kraft, das für die Jahre 2009 bis 2019 zur Finanzierung des Absatzes deutscher Steinkohle sowie für Aufwendungen der Bergbauunternehmen infolge dauerhafter Stilllegungen letztmals weitere Subventionen in Höhe von 13,9 Milliarden (Bundesmittel) und 3,9 Milliarden (Landesmittel) Euro vorsieht.

Der Steinkohlenbergbau heißt wieder RAG, gehört zusammen mit der ihr ehemals verbundenen Evonik einer Stiftung, die ihn bis 2018 abwickelt. Mit dem Verkauf von Evonik-Aktien und Dividendeneinnahmen sollen die Ewigkeitskosten des Bergbaus finanziert werden. Der die Region prägende Steinkohlenbergbau ist dann nur noch Geschichte.

Der für die Erstausgabe 2009 von Thomas Wels verfasste Beitrag erscheint hier in leicht aktualisierter Fassung.

Klaus Tenfelde

Industriekultur. Eine europäische Erbschaft

Was bleibt von der Großen Industrie? Was ist das Besondere am Ruhrgebiet, was macht uns selbstbewusst, warum leben wir hier gern?

Sicher, andernorts wird das noch gar nicht recht verstanden. Das Phlegma der großen Schornsteine geistert noch in vielen Köpfen herum – nicht aber in Ruhrstadt selbst, wo man längst weiß, was diese Heimat war und ist. Heinrich Böll, der Nobelpreisträger, war der erste, der im Jahre 1958 sogar noch den Schornsteinen die Anmutung von Heimat abgewann. Nach ihm, und nach zwei Jahrzehnten, in denen viele nicht recht wussten, in welcher Identität sie sich finden sollten, begann, erstmals in den frühen 1970er-Jahren, ein ganz anderer Kampf. Es begann ein Kampf um die Vergangenheit, der sich, recht betrachtet, als ein Kampf um eine neue Zukunft entpuppen sollte. Auf Zeche Zollern, in Dortmund-Bövinghausen, stand eine Maschinenhalle zum Abriss an, ein denkwürdiges Ensemble des industriellen Jugendstils. Christoph Zöpel machte sich hier verdient, heute sind die Zechengebäude unter der Ägide des Westfälischen Industriemuseums wohl behütet. Oder Eisenheim in Oberhausen, die älteste Arbeitersiedlung des Reviers. Über Jahre wogte der Kampf um die Erhaltung, dann kam der Denkmalschutz, und Roland Günther obsiegte. Beide, Zöpel und Günther, waren nicht zufällig Angehörige einer neuen, gebildeten Mittelschicht, die damals begann, sich ernsthaft um ihre Wurzeln, die Wurzeln ihrer Heimat, zu bemühen. So konnte auch die Ruhrgebietsforschung an den Universitäten aufleben.

Das hat bis heute viele, teilweise einzigartige Früchte getragen, und es wurde gewissermaßen gekrönt durch die Erhebung der Zeche Zollverein in Essen-Katernberg in den Rang eines Weltkulturerbes, endlich durch die Ernennung Essens und des Ruhrgebiets zur Kulturhauptstadt im Jahre 2010. Jetzt ist klar, dass mehr auf dem Spiel steht als „nur" die Heimat und Identität der Menschen. Ruhrstadt, das ist eine weltweit einzigartige Kulturstadtregion von historischen Ausmaßen, eine urbane Metropole ganz eigener Identität. Keine der anderen, gerade auch der großen, Montanregionen auf der Welt hat einen gleichermaßen klaren Weg in die Zukunft auf der Grundlage des industriellen Erbes angetreten. Das Gegenbild liefert wieder einmal Amerika: „ghost cities", Geisterstädte, wenn der Bergbau aufhört.

Nicht so im Ruhrgebiet. Es hat hier gewiss viele Förderprogramme gegeben, und die Landesregierung machte sich gewiss auch verdient um eine für Deutschland insgesamt frühzeitige und nachhaltige Förderung der „Industriekultur" in der Region. Einen entscheidenden Schritt tat sie indessen erst mit einer neuen Art der Förderung, der IBA Emscherpark unter Karl Ganser seit Beginn der 1990er-Jahre. Nicht länger stand jetzt Erhaltung oder Abriss zur Alternative: Nutzung, Aneignung, Veränderung unter Achtung der Geschichtlichkeit, so lautete jetzt die Devise, ja, auch der Gedanke ist erwogen worden, die großen Brachflächen auch einmal, neugierig, sich selbst zu überlassen: „Natur frisst Industrie", pflegte Ganser dann zu träumen. Duisburg-Meiderich und der Bochumer Westpark im alten Bochumer Verein mit der Jahrhunderthalle, die Verwaltungsakademie auf Mont Cenis in Herne-Sodingen oder der Duisburger Hafen und viele andere Projekte sind in Angriff genommen worden, und das geht heute, in anderer Weise, weiter: der Phoenix in Dortmund, Ruhrbania in Mülheim, die Städte packen die Dinge wieder hoffnungsvoll an und lassen sich mehr Zeit damit. Man muss auch Luft holen dürfen wie in Essen, wo es sich jetzt plötzlich als sehr nützlich erweist, dass man über Jahrzehnte mit den Planungen über das Riesengelände der Kruppschen Gussstahlfabrik nicht recht weiter kam.

Da entstehen dann denkwürdige, aber im Kern neue, lebenskräftige Gebilde. Man schaue nach Essen, zum alten Limbecker, heutigen Berliner Platz: In einer alten Kruppschen Maschinenhalle entstand das Kollosseum als Veranstaltungsort, dort, wo früher das Denkmal für Alfred Krupp stand, und die Eisenbahnbrücke, die an diesem historischen Ort die Altendorfer Straße, am Eingang zur Kruppschen Fabrik, überspannte, ist erhalten geblieben, für Fußgänger. Gegenüber ein schwedischer Möbelverkäufer in einer weiten von diesen Hallen, davor „Twin Towers" neuer Architektur, zur Seite die Arbeitsagentur, symbolisch inmitten des Segeroths, in dem auch durchaus Unsägliches überlebt hat, dahinter, nach der Eisenbahnlinie, das Großgelände der Essener Universität. Und direkt am Platz nunmehr ein neues Einkaufszentrum, und für das alte Kirmesgelände, da war früher ein Bahnhof, gibt es wohl auch neue Planungen. Geschichte und Zukunft am selben Ort.

Das zeigt: Industriekultur, das ist, in einem moderneren Verständnis, nicht Nostalgie, nicht nur Überlebenspflege für Förderböcke allüberall im Ruhrgebiet, von der Stollenzeche über den Malakoffturm zum Doppelförderbock, wie er, dieser gehörte der Dortmunder Zeche Germania, im Bergbau-Museum in Bochum wieder errichtet wurde oder nunmehr auf Zollverein weltweit Symbolkraft ausstrahlt. Industriekultur bringt uns zu Bewusstsein, was die Existenz der Region einmal ausgemacht hat, wem wir uns selbst verdanken. Das „Dortmunder U" ist so ein Beispiel: die Wiederaneignung unserer Geschichte in selbstbewusster Form. Dass um diese Dinge jahrelang gekämpft wird, was oft sehr viel Geld kostet, das gerade ist keineswegs überflüssig. Denn nicht jeder Förderbock, nicht jede Waschkaue kann erhalten und sinnvoll genutzt werden. Die Menschen müssen das nachhaltig wünschen.

Man kann sagen: Was den Bayern die Wittelsbacher und den Sachsen August der Starke, das ist dem Ruhrgebiet die Industriekultur – ein steter Ort von Selbstbezügen. Diese besondere, von allen deutschen Geschichtslandschaften (und den großen Geschichtslandschaften Europas) deutlich unterscheidbare Kultur hat freilich auch Mängel. Es gibt Grund zu behaupten, dass das Bewusstsein der Menschen, ihr regionaler Identitätswille, den handelnden Politikern, manchen Stadtverwaltungen und Behörden voraus und davon geeilt ist. Denn nach wie vor wird regionale Identität im Ruhrgebiet administrativ verweigert, nach wie vor erfreuen wir uns hierzulande dreier regierender Bezirke, und der Wille der Rathäuser zur Zusammenarbeit, zu einheitlicherem Handeln stößt dort auf Grenzen, wo man sich in Konkurrenz zur Nachbarstadt sieht.

So mancher postmoderne Kritiker sieht die Industriegesellschaft am Ende. Man muss nur auf die Schwellenländer, nach China, Indien oder Lateinamerika blicken, um sich über solchen Unsinn belehren zu lassen. Sie ist auch in Deutschland keineswegs zu Ende, ganz im Gegenteil, sie steht nur wirtschaftlich längst auf anderen Füßen. So ist die große schwerindustrielle Kultur Geschichte geworden und hat Anderem Platz gemacht, aber ihre Spuren hat sie hinterlassen, deutlich sichtbar in den Leuchttürmen und Narben der Landschaft und in den Köpfen der Menschen.

Beruf: Bergmann

Zollverein als Knochenmühle

Ich bin 1927 in Wilhelmshaven geboren, wurde im März 1946 für 600 Schichten von der englischen Militärregierung im Bergbau verpflichtet. Zu dieser Zeit fuhr von Wilhelmshaven, weil die Kriegsmarinewerft geschlossen wurde, etwa jeden Monat ein Sonderzug nach Essen. Wir im Bergbau Verpflichteten wurden dann in Bussen in ein Durchgangslager in Essen-Heisingen eingewiesen. Nach einer Untersuchung auf Grubentauglichkeit sollten wir dann auf die Zechen im Ruhrgebiet verteilt werden. Aber ich wollte nicht im Bergbau arbeiten. Am nächsten Morgen schlich ich mich mit meinem Koffer an dem Pförtner vorbei und fuhr mit einem Zug Richtung Zonengrenze bis Duderstadt. Dort habe ich mich als Flüchtling von Frankfurt an der Oder ausgegeben und ein Jahr jünger gemacht, um nicht wieder im Bergbau verpflichtet zu werden. Man musste 18 Jahre alt sein, um verpflichtet werden zu können.

Bei Duderstadt habe ich dann bei einem Bauern gearbeitet, aber meine Mutter in Wilhelmshaven schrieb mir immer wieder, die Polizei würde abends bei ihr schellen und nach mir fragen. Deshalb bin ich nach Essen gefahren, habe mich auf dem Arbeitsamt gemeldet. Ich wurde dann auf die Zeche Zollverein 3/10 vermittelt.

Am 7. November 1946 machte ich meine erste Schicht auf dieser Zeche. Ich habe auf der 6. Sohle in Flöz Zollverein 3 Kohle abbauen müssen. Gewohnt habe ich in einem Lager in Schonnebeck, Ückendorfer Str. 136. Das Lager bestand aus mehreren Holzbaracken, dort wohnten wir mit sechs Mann in einem Zimmer mit abgeteiltem Schlafraum. Soweit war es ja einigermaßen gut, nur wir hatten viele Untermieter, nämlich Wanzen. Deshalb mussten wir alle paar Wochen nachmittags unser Zimmer räumen und die Nacht in der Kantine verbringen. Fenster und Türen wurden abgedichtet und die Baracken mit Gas gefüllt. Das hielt aber nicht lange vor, schon ein paar Wochen später waren wir wieder von Wanzen zerstochen, und der Vorgang musste wiederholt werden. Aber nach zwei Jahren waren alle Wanzen vernichtet. Auch besserten sich die Zeiten langsam, wir Bergleute bekamen doch jeden Mittag eine Suppe und zu jeder Anfahrt unter Tage noch zwei doppelte, gut belegte Butterbrote. Ich habe damals aber auch gesehen, dass Kumpel, die Mittagsschicht hatten, ihre Butterbrote mit ihren vor dem Zechentor wartenden Kindern geteilt haben.

Im September 1947 forderte die Militärregierung von den Zechen eine höhere Fördermenge. Wenn diese Förderung in einer bestimmten Zeit erfüllt würde, bekäme jeder Bergmann ein Care-Paket, 30 Kilogramm schwer. Als Anreiz war auf der Schachtanlage 3/10 im Speiseraum auf einem Tisch ein gepacktes Care-Paket zu besichtigen.

Rund um die wirklich guten Lebensmittel in Dosen standen leuchtende Grubenlampen, dabei ein Engländer mit Maschinenpistole als Bewacher. Soweit ich mich jetzt erinnern kann, bekam kurze Zeit später jeder Bergmann ein Care-Paket. Endlich konnten wir uns mal wieder richtig satt essen.

Jetzt wurde es immer besser für uns Bergleute. Wir bekamen fast jeden Monat Sonderzuteilungen, mal zwei Flaschen Schnaps mit einer Stange Zigaretten oder Kleidung aus Amerika. Anfang 1948 wurden für die Bergleute die so genannten i.K.-Marken eingeführt, je nach Verdienst bekam man für diese Marken mit aufgedruckten Lebensmitteln wie Frischfleisch, Wurstwaren in Dosen, Schmalz, Speck in bestimmten Lebensmittelgeschäften zu kaufen. Aber diese i.K.-Marken konnte man schon kurze Zeit später auf dem schwarzen Markt am Viehofer Platz kaufen. Ein Pfund Schmalz kostete nach der Einführung der D-Mark 15 Mark. Das war viel Geld damals.

1951 war ich auf der 12. Sohle beschäftigt, als Hauer in Flöz Anna vor Kohle. Flöz Anna hatte am Liegenden einen Steinpacken, diesen Steinpacken mussten wir über unser Fördermittel bei der Kohlegewinnung in den „Alten Mann“ schmeißen (der Bergmann nennt den schon abgebauten Teil vom Kohleflöz „Alter Mann“). Dann kam unser Obersteiger. Ich wurde von demselben mit einem halben Schichtlohn Buße belegt, weil ich nicht genug von dem Steinpacken über den Förderer geschleppt hatte. Mein Einwand beim Betriebsführer war ergebnislos. Der Schacht 3/10 war bei den Bergleuten damals als Knochenmühle bekannt mit einem schlechten Betriebsklima.

Ich habe auf 3/10 gekündigt und wurde auf Zeche Katharina in Essen-Frillendorf angelegt. Diese Zeche hatte ein neues Wohnheim für ihre Bergleute gebaut, Am Zehnthof 42, mit einigen Einbettzimmern und vielen Zweibettzimmern mit Zentralheizung, gut eingerichtet. Es gab noch etwas Gutes, die Kameradschaft unter Tage war meist sehr gut. Am 31. März 1972 wurde die Zeche Katharina geschlossen. Entlassen wurde kaum einer. Wer nicht in Rente gehen konnte, hatte die Möglichkeit, sich zu einer anderen Zeche verlegen zu lassen. Ich kam nach Zollverein 3/10, wurde dort für die Wartung der Fördermittel eingestellt. Im ersten Jahr war die Umstellung sehr schwer, aber danach war ich froh, dass alles so gekommen war. Bei einem sehr guten Betriebsklima und sehr guter Kameradschaft waren die letzten sieben Jahre die besten, die ich unter Tage verbrachte. Am 30. November 1979 wurde ich entlassen. 33 Jahre Untertagearbeit waren beendet. Bis zum 30. September 1999 habe ich noch eine ehrenamtliche Tätigkeit für die Knappschaft ausgeübt.

H. Deppe, Essen

Mittags gibt es Schlabberkaps

Am 8. Mai 1945 war ich neunzehn Jahre alt. Ein halbes Jahr Arbeitsdienst in Polen und die Winterschlacht in den Ardennen, die ich als Soldat mitmachen musste, lagen hinter mir. Vor mir lag die Stadt Witten an der Ruhr, die nur noch ein Trümmerfeld war. Die meisten Menschen, die das Inferno überlebt hatten, hausten in den Kellern ihrer Häuser. In Kellern, die von den Gesteinsmassen ihres zusammengestürzten Hauses bedeckt waren. Deutschland war von den Alliierten besetzt, deren Soldaten Fraternisierverbot hatten. Wir waren ihre besiegten Feinde. So wurden wir von der Besatzungsmacht auch behandelt. Nachdem man einige Bürger gefunden hatte, die nicht mit den Nazis paktiert hatten, wurden diese an den „Arbeitsvermittlungsstellen“ eingesetzt.

Wer die Lebensmittelkarten der Besatzer haben wollte, um an der Verteilung von Lebensmitteln teilzunehmen, musste eine feste Arbeit nachweisen. Auf diesen Lebensmittelkarten wurden, wenn vorhanden, Lebensmittel im Brennwert von tausend Kalorien abgegeben. Zum Leben zu wenig und zum Sterben zu viel. Wer den Angeboten der Besatzungsmacht folgte, konnte auch einige Kalorien mehr bekommen. Um diese zu erlangen, gab es zwei Möglichkeiten. Entweder man ging in die hiesigen Fabriken, um mit Presslufthämmern die Werkzeugmaschinen aus dem Boden zu brechen, die dann als Reparationen nach Frankreich oder England verladen wurden. Eine andere Arbeit, die mit Lebensmitteln noch besser versorgt wurde, war, sich für den Bergbau zu entscheiden. Das wurde von der Besatzungsmacht besonders gerne gesehen. Weil ich mit neunzehn Jahren Hunger litt, weil für mich tausend Kalorien am Tag zu wenig waren, entschied ich mich, wie viele meiner Kollegen, für den Bergbau. Als Hamburger Junge wollte ich eigentlich Schiffbauingenieur werden. Aber das lag nun in weiter Ferne.

Tagelang ging ich zu Fuß nach Herbede, wo die Zeche Holland lag. Ich wollte mir einen Überblick verschaffen, was für Arbeitsverhältnisse auf einer Zeche herrschen. Aber das konnte nur im Übertagebereich geschehen, denn um in die Grube zu gelangen, müsste man in den Schacht hinunter fahren, und das war für mich unmöglich. Es sei denn, ich würde mich dort zur Arbeit anmelden. Aber damit wollte ich mir noch etwas Zeit lassen. Um vierzehn Uhr war am Schacht Seilfahrt. Die Frühschicht fuhr zu Tage und die Mittagsschicht bestieg den Förderkorb, um auf der vierten Sohle zu ihren Arbeitsplätzen zu gelangen.

Vom Anblick der Bergleute, die aus der Grube kamen, war ich entsetzt. Total schwarz, von den Schuhen bis zum Kopf. Viele waren nicht nur schwarz, sondern auch noch total nass. Das Grubenzeug klebte den Männern förmlich verschlammt am Körper. Die

Es geht wieder bergauf: Die Kohle wird beim Wiederaufbau des Landes an allen Ecken und Enden gebraucht

Abschrift

Lohnordnung

für das

rheinisch-westfälische Steinkohlenrevier

vom 1. Juni 1946 an

Soziallohn: Hausstandsgeld = 0,10 RM je Schicht

Kindergeld = 0,16 RM je Schicht und Kind

Lfd. Nr.:	II. Über Tage	Schichtlohn RM
	A. Hängebank, Verladung, Platz	
30	Anschläger (im Schichtlohn eingeschlossen ist die Vergütung für Seilfahrten .... (Arbeitszeit 8 Std. zuzügl. Seilfahrtszeit)	6,56
31	Abnehmer	5,44
32	Hilfsanschläger (wie bei 30) .... (Arbeitszeit 8 Std. zuzügl. Seilfahrtszeit)	6,--
33	Abschlepper, Verlader	5,10
34	Verwieger (Wiegemeister)	5,19
35	Tafelführer	5,19
36	Kauenwärter, Lampenstuben- und Magazinarbeiter und Pförtner	5,10
37	Markenausgeber, Lampenaufseher und Heildiener	5,36
38	Platzvorarbeiter und Aufseher	6,04
39	Kreissägenarbeiter: a) erster Arbeiter	6,04
40	" b) Hilfsarbeiter	5,36
41	Aschefahrer, Aschelader, Kohlenfahrer	5,10
42	Aschefahrer im Aschekanal	5,78
43	Wäschearbeiter	5,78
44	Fuhrleute	5,10
45	Stallwärter	5,10
46	Telefonisten in der Zentrale	5,10

-2-

Lohnordnung für das rheinisch-westfälische Steinkohlenrevier, geltend ab dem 1. Juni 1946

– 2 –

Lfd. Nr.:	II. Über Tage	Schichtlohn RM
	B. Maschinen-, Kessel-, Werkstätten- und Baubetriebe	
47	Vorarbeiter .... (Vorarbeiter sind Arbeiter, denen ständig die Aufsicht über eine Gruppe von Mitarbeitern übertragen ist)	6,80
48	Gelernte Schmiede, Schlosser, Dreher, Elektriker, Sattler, Ankerwickler, Schweißer 1) u. ä. gelernte Handwerker	6,29
49	Angelernte Schmiede, Schlosser, Dreher, Elektriker, Ankerwickler, Schweißer 1), Sattler, ferner Zuschläger, Bohrer, Brnner, Fräser und Hobler	5,78
50	Gelernte Maurer, Zimmerer, Schreiner, Dachdecker, Klempner, Anstreicher, Gärtner	6,29
51	Angelernte Maurer, Zimmerer, Schreiner, Dackdecker, Klempner, Anstreicher, Gärtner, ... Bauhilfsarbeiter und Gesteinstaubmüller	5,78
52	Erste Maschinisten	6,29
53	Sonstige Maschinisten	5,78
54	Putzer	5,10
55	Kesselwärter: a) Stochkessel	6,29
56	" b) Gas- und Abhitzekessel	6,04
57	Kesselheizer: a) Stochkessel	6,56
58	" b) maschinelle Roste mit mechanischer Beschickung	6,04
59	Lokomotivführer: a) für Normalspur	6,46
60	" b) für Schmalspur	5,78
61	" c) für feuerlose Lokomotiven	6,04
62	Erste Rangierer, Zugführer. Rangiermeister	6,29
63	Zweite Rangierer, soweit sie bergpolizeilich verpflichtet sind und Stellwerkswärter	5,78
64	Sonstige Rangierer, Weichensteller u. Schiebebühnenführer ..	5,19
65	Schrankenwärter	5,10
66	Lokomotivheizer	5,78
67	Kran- und Baggerführer	6,04
68	Kübelanschläger	5,10
69	Rottenvorarbeiter	6,04
70	Rottenarbeiter	5,10

-3-

Lohnordnung für das rheinisch-westfälische Steinkohlenrevier, geltend ab dem 1. Juni 1946

meisten von ihnen trugen Arschleder, von denen die Riemen lose herunter hingen. Sie stellten ihre schweren Grubenlampen polternd auf das Regal und gingen schnellen Schrittes in die Waschkaue. Als sich die Pendeltür hinter ihnen geschlossen hatte, folgte ich ihnen, um zu sehen, wie man den Dreck vom Körper wieder entfernte. Der ganze Raum war mit Wasserdampf erfüllt, weil mindestens fünfzig Brausen gleichzeitig liefen. An quietschenden Ketten wurden die Kleiderhaken heruntergelassen. Das Unterwegszeug wurde auf der Sitzbank abgelegt und das Grubenzeug an den Haken gehängt. Nackt, mit Schwamm und Seife bewaffnet ging es unter die Dusche. Die Hautschutzseife „Bergauf" gab es immer noch, dafür sorgte die Besatzungsmacht. Sie wurde in der Seifenfabrik „Imhausen" in Witten hergestellt, die dafür eine besondere Lizenz hatte und dafür die benötigten Rohstoffe erhielt.

Dank Seife und Schwamm konnte man wieder weiße Körper erkennen, die versuchten, möglichst schnell in ihre saubere Kleidung zu gelangen, damit sie in der Küchenbaracke möglichst die ersten waren, weil es später ein dichtes Gedränge an den Tischen gab, wenn die ganze Frühschicht dort versammelt war. Es gab Wirbelbohnensuppe. Als ich neugierig die Küchenbaracke betrat, sah ich, wie die Köchin gerade einen großen Klumpen Butterschmalz in den riesigen Suppenkessel eintauchte. Als das Butterschmalz nach langem Rühren mit einem großen Holzlöffel geschmolzen war, wurde das Essen ausgegeben. Mann für Mann bekam eine Kelle davon in seine Schüssel. Weil ich keine Schüssel hatte und ich auch unberechtigt war, sah ich mit Sehnsucht auf den dampfenden Suppenkessel. Nach langem Hinsehen entdeckte ich auf der Suppe im Kessel eine weiße Schicht auf der Oberfläche. Es waren massenhaft kleine Würmer. Ich brauchte mein Erstaunen nicht zu verbergen, denn alle wussten es, dass die angelieferten trockenen Bohnen Würmer hatten. Aber niemand beklagte sich, weil es nichts anderes als dieses Essen gab. Eine der Köchinnen hatte mich beobachtet, weil ich so lange in den kochenden Kessel sah. „Möchten Sie noch einen Nachschlag?" wurde ich gefragt. In mir kämpften in Sekundenschnelle zwei Seelen. Aber der Hunger siegte. Ich holte mir von einem Tisch eine leere Schüssel und reichte sie der Köchin. Die fette heiße Suppe schmeckte herrlich. Und weil ich die Schüssel so schnell hinunter geschlungen hatte, bekam ich von der Köchin ausnahmsweise noch eine Kelle hinzu.

Satt wie ich nun war, sah die Welt schon wieder ganz anders aus. Ich blieb noch eine Weile in der Küchenbaracke, um mit einem Hauer der Frühschicht ins Gespräch zu kommen. Ich wollte nun genau wissen, wie es auf der Zeche zuging. Als ich näher zu ihm heranrückte, fragte er mich, ob ich den Zechenbus noch haben wollte, denn der

Titelblatt einer Werbebroschüre der Zechengruppe Robert Müser in Bochum, 1950er-Jahre

würde jeden Moment abfahren. Ich verneinte und sagte: „Ich arbeite hier noch nicht, aber ich will demnächst hier anfangen." „Kumpel, das überlege dir aber möglichst noch zehnmal. Du arbeitest hier nur für ein Butterbrot, das du morgens vor der Seilfahrt bekommst und eine Pulle Bohnenkaffee. Mittags bekommst du Schlabberkaps oder Bohnensuppe. Mit dem ausgezahlten Besatzungsgeld kannst du dir sowieso nichts kaufen, weil es nichts zu kaufen gibt. Der einzige Lichtblick sind die Care-Pakete, die zwei Flaschen Schnaps und die hundert englischen Zigaretten, die du jeden Monat einmal bekommst. Da kannste mit hamstern fahren. Und du bekommst auch Deputatkohlen. Dafür kannste dich da unten krumm malochen, in dem Dreckloch. Wir sind mit unserem Streb direkt unter der Ruhr. Das Wasser läuft dir die ganze Schicht auf den Balg. Gummistiefel und Gummizeug sind hier eigentlich Standardausrüstung. Aber wann ist das im Magazin schon mal vorhanden? Also arbeitest du mit Hemd und Hose. Oben im Kragen läuft das Wasser rein und unten aus der Hose wieder raus. Dann schwingst du acht Stunden den Abbauhammer und schleppst zehn Kubikmeter Kohlen in den Förderer, aber dann musst du das ausgekohlte Feld auch noch mit Holz verbauen, sonst liegste bei Zeiten unterm Bruch."

Ich wusste zwar nicht genau, wovon der Hauer gesprochen hatte, aber was Gutes war es nicht. „Man kann es arbeitsmäßig auch etwas besser haben", sagte der Hauer. „Wir haben hier sehr schlechte geologische Verhältnisse, viele Flöze stehen fast senkrecht im Gestein. In der so genannten steilen Lagerung arbeiten nur Männer, die der Steiger sich selbst ausgesucht hat. Die arbeiten treppenförmig übereinander. Da brauchst du nicht zu schaufeln, da fallen die Kohlen von selbst nach unten. Fällt dir was aus der Hand, dann ist es weg. Fällt dir die Lampe runter, dann stehste im Dustern, und dann hast du ein Problem. Wenn du nicht ganz sicher und zuverlässig deinen Holzausbau einbringst, dann liegst du eines Tages auch unten im Ladekasten. Aber wenn du da arbeiten willst, dann musst du erst mal einige Monate auf dem Pütt angelernt werden." Meine Vorfreude, demnächst auf der Zeche zu arbeiten, sank auf den Nullpunkt. Der Hauer bemerkte das und sagte: „Nun lass den Kopf man nicht hängen, wir haben das alle einmal mitgemacht. Die ersten Tage tun dir die Knochen weh, aber auch das gibt sich mit der Zeit. Zuerst kommst du sowieso ins Lehrrevier. Das ist aber heute nur noch ein Schnellkursus, die Steiger holen dich auch dort schnell wieder weg, damit du an den Knapp kommst zum Kohlenmachen. Die Alliierten wollen Kohlen sehen, sonst ist es mit den Vergünstigungen vorbei. Keine Butterbrote, keine Care-Pakete, keine Zigaretten, kein Mittagessen. Kommt weniger Kohle, kommt weniger Essen. So einfach ist das. So Kumpel, jetzt muss ich nach Hause, ich wohne hier in Herbede. Weil ich keinen weiten Weg zur Zeche habe, gehe ich heute Abend noch einmal in unsere Küche. Um 22 Uhr fährt die Mittagsschicht aus und bekommt ihr Essen. Dann hole ich mir noch einen Schlag aus dem Suppenkessel." Damit verabschiedeten wir uns.

Die Ruhrbrücke in Herbede lag als Ruine im Wasser. Einige Pontons der Engländer und einige stabile Holzbohlen ermöglichten das Überqueren der Ruhr zu Fuß. Die Bergleute der Zeche Holland wurden von der Stadt aus der Umgebung bis dorthin gefahren. Sie überquerten zu Fuß mit einem Balanceakt die Ruhr. Auf der Herbeder Seite stand ein zweiter Bus, der sie dann bis auf das Zechengelände brachte.

Diesen Weg machte ich in diesem Sommer noch oft, um alles über den Bergbau zu erfahren. Ich habe noch oft den Zechenplatz umkreist, habe nach der Schicht wieder mit anderen Hauern gesprochen. Aber etwas Positives war nicht dabei. Alle klagten über die schwere Arbeit und die schlechten Arbeitsbedingungen. Aber weil es keine Arbeit gab, die einträglich war, fügten sie sich in ihr Schicksal. In der Bevölkerung ging auch deshalb der Spruch um: „Mit Speck fängt man Mäuse und mit Schnaps Bergleute."

Auch ich schlug alle Unkenrufe in den Wind, denn Hunger tut weh. Am 1. November 1945 wurde ich als Schlepper auf der Zeche Holland angelegt.

Carl Lembke, Einbeck

Von der Kohle zum Straßenbau

Meine saarländischen Vorfahren fanden seit Anfang des 19. Jahrhunderts Arbeit und Lohn im Bergbau. Die Darstellungen der persönlichen Erlebnisse meines Großvaters, Vaters und auch meines Onkels aus ihrer Untertagearbeit fand ich so spannend und aufregend, dass ich schon als Zwölfjähriger den Wunsch hegte, irgendwann einmal „Steiger" auf der heimatlichen Grube zu werden.

Familiäre Ereignisse führten mich Mitte der fünfziger Jahre ins Ruhrgebiet. Auf der Zeche Zweckel in Gladbeck verfuhr ich am 2. Januar 1957 meine erste Schicht als Berglehrling; 1958 begann die Untertagearbeit.

Im Lehrrevier zeigte man uns nicht nur wie Kohlen abgebaut werden oder wie eine „Flözstrecke aufgefahren" wird, sondern auch wie man Verwandte und Freunde des Obersteigers bei ihrer ersten Grubenfahrt ärgern konnte. Das ging einfach vonstatten. Beim Herannahen der Gruppe wurden schnell hinter der „Wettertür" ein paar tote Mäuse an „Schießdrähten" in Augenhöhe aufgehängt. Das Ergebnis lässt sich erahnen – die Damen in der Gruppe schrien, als sei ihnen der Teufel persönlich erschienen! Unserem „Lehrhauer" und uns Lehrlingen war natürlich ein strenger Verweis durch unsere Vorgesetzten gewiss!

Bevor ich mein Berufsziel „Grubensteiger" erreicht hatte, fanden 1962 in meiner Heimat 299 Bergleute – unter ihnen mein Onkel – den Bergmannstod. Ich war schockiert und wollte den Bergbau verlassen. Nach reiflicher Überlegung brach ich jedoch die begonnene Ausbildung nicht ab und beendete diese mit meinem Grubensteigerdiplom im Jahre 1965.

Mein berufliches Ziel hatte ich erreicht, aber es zeigte sich, dass die neue Funktion kein „Zuckerschlecken" darstellte. Damals waren Betriebsführer oder Obersteiger noch unumschränkte „Herrscher" in ihren Aufgabengebieten. Bedingungsloser, gehorsamer Einsatz

Bild oben: Zeche Victoria Mathias in Essen, vor 1937. Nach dem Verbund mit Graf Beust und Friedrich Ernestine stillgelegt im Jahr 1965

Bild unten: Zeche Consolidation in Gelsenkirchen

Bergleute auf der Zeche Kaiserstuhl 1 in Dortmund, um 1940. Stillgelegt im Jahr 1966

war für uns junge Steiger an der Tagesordnung; stellvertretend für das harte Betriebsklima der Ausspruch meines Obersteigers: „Kohlefördern hat absoluten Vorrang vor Ihrem Familienleben." Dieser Satz klingt auch nach über 40 Jahren noch in mir nach! Damals war mir klar, dass ich diesen ständigen Druck nicht mehr hinnehmen wollte. Des Weiteren verunglückten in einem Jahr unter Tage drei Steigerkollegen tödlich.

Romantisch ist die Arbeit im Bergbau nie gewesen.

Die Mitte der 1960er-Jahre ging mit einem verstärkten Sterben von Großzechen einher. Viele meiner Kollegen verließen damals den Bergbau und fanden im Öffentlichen Dienst eine neue Beschäftigung als Straßenbauingenieure. Mein Freund und ich stellten uns ebenfalls dieser neuen beruflichen Anforderung und wechselten zum Autobahn-Neubauamt Köln. Hier durften wir an der Verbreiterung der Autobahn Köln–Bonn mitwirken.

Staunend registrierten wir ein völlig neues Arbeitsklima, kein brüllender Betriebsführer, normale Arbeitszeiten – wir konnten unser Glück trotz erheblicher finanzieller Einbußen kaum fassen.

In der Mittagspause bei herrlichem Sonnenschein auf einer Bank in Sichtweite des Kölner Doms am Rhein sitzend, ließen wir unsere harten Bergbaujahre Revue passieren, spürten noch immer in uns die Dunkelheit der untertägigen Nacht, und wir fragten uns schließlich: Was würde unser früherer Grubenbetriebsführer sagen, wenn er uns jetzt so „untätig herumsitzend" erleben könnte? Eine Antwort sind wir uns schuldig geblieben!

Jürgen Conrad, Püttlingen

Werbung in der Schule

Ich gehöre zum kinderreichen Jahrgang 1938. An die Entwicklung des Bergbaus kann ich mich noch sehr gut erinnern. Mein Vater kam 1946 aus amerikanischer Kriegsgefangenschaft zurück und konnte sofort auf der Zeche Holland anfangen. Die Zeche Holland lag linksseitig der Ruhr (Magerkohle, Anthrazit, ausschließlich Hausbrand). Mein Vater war als Schlosser über Tage tätig. Weihnachten und Ostern gab es nicht. Ich habe ihm oft genug im Henkelmann sein Essen gebracht. Ich selber habe in den Sommerferien fünf Wochen auf dieser Zeche als 14-Jähriger gearbeitet und mir in dieser Zeit ein Fahrrad erarbeitet.

Hinzu kam, dass der Bergbau im letzten Schuljahr (1952) intensiv an den Schulen geworben hat, für den Beruf des Bergknappen und dann noch mit enorm hohen Ausbildungssummen gegenüber anderen Betrieben. Wir haben als Beispiel die Zeche Mansfeld in Bochum und die Zeche Holland in Herbede besichtigt.

Dass ich, im Gegensatz zu vielen meiner Schulfreunde, diesem Ruf nicht gefolgt bin, stellte sich spätestens mit den ersten Zechenstilllegungen Anfang der 1960er-Jahre als Glücksfall heraus.

Gerhard Könitz, Witten

Wo liegt Klosterbusch?

Ich bin 1930 in der Oberpfalz in Amberg geboren. Ein Kumpel aus Bayern.

1944 aus der Schule entlassen, war ich ein Jahr Flugzeugbauer bei Messerschmitt bis Kriegsende 1945. Es ging um Leben und Überleben. Es gab in den abgelegenen Gebieten und in den zerbombten Städten keine Arbeit. 1950 sprach mich ein Bekannter an, ob ich mit in den Bergbau wollte. Wir ahnten nicht, was auf uns zukam. Man musste sowohl eine Arbeitserlaubnis als auch eine Zuzugserlaubnis haben. Deutschland war in Besatzungszonen eingeteilt. Ich hatte 90 Mark. 45 Mark kostete die Bahnfahrt. Mit dem Rest kam ich in Bochum an.

Von Köln bis Bochum war entlang der Bahnstrecke alles von Bomben zerstört. Unser Ziel in Bochum war die Zeche Klosterbusch. Keiner wusste, wo sie lag. Ein Busfahrer nahm uns mit, und wir landeten in Querenburg-Lottental, in der Nähe des heutigen Kemnader Sees. Im Lager von Klosterbusch bekamen wir Unterkunft. Zur gleichen Zeit wurde auch die Lennershofsiedlung in Querenburg gebaut. Die Bergleute kamen aus ganz Deutschland.

Erste Seilfahrt. Eine ganz andere Welt. In elf Jahren unter Tage habe ich so ziemlich alles gemacht. Strecken aufgefahren (vor Stein) und Kohle abgebaut. Fast alle Maschinen wurden mit Dampf angetrieben. Im südlichen Raum, also in Bochum, kam die Kohle bis an die Oberfläche und wurde vom Stollen 1 abgebaut.

Ab 1959 hat sich die Industrie auf Öl umgestellt. Das war der Untergang vom Kohlenbergbau im südlichen Raum.

Erwin Walter, Bochum

Von Oberbayern ins Ruhrgebiet

In den fünfziger Jahren wurde wieder einmal Nachwuchs für den Bergbau gesucht. Die Belegschaften waren durch den Krieg dezimiert und zu alt. Junge Bergleute mussten her und zwar in großen Mengen, um den Aufschwung nach der Kriegszeit nicht zu gefährden und den damit verbundenen großen Energiebedarf zu decken. Man warb in allen Regionen der jungen Bundesrepublik, so auch in Oberbayern.

Ich landete auf der Zeche Adolf von Hansemann in Dortmund-Mengede, wo ich am 1. April 1951 als Berglehrling anheuerte. Ausschlaggebend für diese Wahl waren die zur damaligen Zeit schlechten Arbeitsmöglichkeiten im abgeschiedenen Oberbayern sowie das Versprechen eines guten Verdienstes und eines bezahlten Studiums zum Bergingenieur (damals Steiger genannt) von Seiten des Bergbaus.

Die Ankunft im damaligen Ruhrgebiet war für mich und viele andere ein großer Schock. Herausgerissen aus der Familie und einer schönen Landschaft hinein in eine andere Welt, die schwarz, rauchig und wenig dazu angetan war, sich wohl zu fühlen.

Erst mit Abschluss meiner Ausbildung zum Steiger im Herbst 1958 und Gründung einer Familie habe ich mich so langsam mit meiner Situation fern der Heimat angefreundet.

Leider wurde in diesem Jahre der Aufwärtstrend im Bergbau zum ersten Mal gestoppt, bis er sich dann ab 1960 rapide in das Gegenteil verwandelte.

Zum Glück fand man dank der guten Ausbildung, die man im Bergbau erfahren hatte, in Verbindung mit dem Mangel an Ingenieuren in anderen Bereichen, schnell etwas Passendes.

An die Zeit im Bergbau denke ich aber noch oft zurück. Es war eine schwere, aber auch schöne Zeit unter Tage, wo vor allem die Kameradschaft noch hochgehalten wurde.

Paul Demme, Bochum

„Komm ins Ruhrgebiet, hilf Deutschland aufbauen“

Am 10. März 1951 habe ich auf der Zeche Wiesche in Mülheim angefangen. In Heidelberg bin ich auf ein Werbeplakat gestoßen mit der Schrift „Komm ins Ruhrgebiet, hilf Deutschland aufbauen“. Also ging ich.

Am Schacht Emilie 1 bin ich angefahren als Gedingeschlepper. Pro Schicht gab es da 16,33 DM (für acht Stunden). Von zu Hause aus musste ich Koch lernen (Eltern mit Gaststätte). Und jetzt im Bergbau.

Mein erster Kumpel war ein waschechter Mülheimer, der noch Platt sprach. Wir haben in einer Kopfstrecke am Ausbau gemacht. Ein Staub war da, dass man die Hand nicht vor Augen sah. Gegen den Staub hat mir mein Kumpel einen Priem gegeben und sagte, dass ich den in die Backe legen soll, nicht drauf rumkauen. Das habe ich nicht richtig verstanden, und auf einmal hatte ich den verschluckt. Mein Kumpel sagte zu mir, ich solle schnell zum Schacht gehen und ausfahren, denn ich würde gleich die Scheißerei kriegen.

Der raue Umgang der Kumpel war mir fremd. Aber mit der Zeit habe ich gemerkt: Ein Kumpel lässt dich nicht im Stich. Selbst unter Lebensgefahr holt der dich aus der Gefahr raus. Das hat auch die Menschen in der Arbeitersiedlung geprägt, die Leute haben sich gegenseitig geholfen. Wenn eine Frau im Wochenbett lag oder krank war, haben sie abwechselnd die Familie versorgt. Seit 54 Jahren wohne ich in der Siedlung Mausegatt. Sie ist meine Heimat geworden.

Walter Schmidt, Mülheim an der Ruhr

Die Dolmetscherin

Geboren 1918 in Unna-Königsborn, Vater Studienrat, Fächer Deutsch, Geschichte, Erdkunde. Der Nachbar war

Markscheider, daher gab es häufige Wege des Vaters mit uns Kindern zum Bergwerk „Alter Hellweg“, wo wir – wie auf einem Abenteuerspielplatz – viel lernten über den Bergbau, zumindest über das, was so über Tage zu lernen war, inklusive Wortschatz.

Später dann: Studium am Dolmetscher-Institut der Uni Heidelberg, Auslandsaufenthalt in England und Spanien, anschließend Promotion in Geschichte – im Krieg Ausbildung und Tätigkeit als Schwesternhelferin im Lazarett in Unna. Von dort gleich nach der Besetzung am 11. April 1945 abkommandiert zum Military Government als Dolmetscherin.

Da sich damals jeder Landkreis zunächst möglichst selbst organisieren und versorgen musste, war das Military Government natürlich bemüht, alle wirtschaftlich relevanten Betriebe zu kontrollieren, sprich kennenzulernen. Im Kreis Unna gab es eine ganze Reihe von Zechen (ich bin groß geworden mit „schlagenden Wettern“, mit heulenden Alarmsirenen – längst vor dem Krieg), die inspiziert werden sollten. Unser Commander fand keinen Dolmetscher! Da hab ich gesagt: „Ich kann das“, wohl wissend, dass das nicht ganz stimmte, aber da ich vertraut war mit dem deutschen Wortschatz, habe ich darauf vertraut, das meiste umschreiben zu können.

Dann kam die große Frage: Darf eine Frau einfahren? Wie bei der Marine lebte ja im Bergbau der Aberglaube: Frauen bringen Unglück. Aber mangels eines männlichen Dolmetschers durfte ich dann – vielleicht als erste, aber sicher als eine der ersten Frauen – mit nach Untertage, im Bergwerk Lünen, wo die Flöze sehr mager waren und wir nur kriechen konnten, wo die Kumpel nur im Liegen und wegen der Hitze und Enge nur nackt, ja mit dem Arschleder arbeiten konnten (warum sollten da wohl keine Frauen zuschauen?).

Seit der Einfahrt (das Dolmetschen verlief dank guter, intensiver Vorbereitung meinerseits problemlos) ist mein Respekt und Verständnis für den Kumpel ständig gewachsen – und vor allem die Erkenntnis: Wer da unten unter der ständigen Bedrohung arbeitet, weiß, wie lebensnotwendig der Mit-Kumpel ist. Und das hat sich in der langen Zeit den Familien, der Bevölkerung mitgeteilt: Zuverlässigkeit, Hilfsbereitschaft, Offenheit sind im Bergwerksgebiet und der Schwerindustrie (vorm Hochofen) viel stärker ausgeprägt als in anderen Gegenden. Das wird gewiss schwächer werden in der Gegenwart.

Noch ein kleines Streiflicht: Weil wir im Kreis Unna Kohle hatten, konnten wir tauschen: Ich fuhr als Dolmetscherin mit einem Lkw voller Kohle nach Hamburg, die wir gegen Zigaretten tauschten bei Reemtsma, woanders Kohle gegen Luftwaffen-Uniformstoff, Kohle gegen Kommunionswein.

So überspringe ich einige Jahre: Dolmetscherin beim Rektor der Uni Münster, danach im British-Centre „Die Brücke", wo ich eine „Crash"-Ausbildung als Bibliothekarin für Leih-Hand-Büchereien absolvierte, dadurch dann – als der British Council „Die Brücke" nicht mehr finanzieren wollte – der Wechsel: Werks-Bib-liothekarin an der Zeche „Schlägel & Eisen". Damals (1951/52) hatte der Bergbau Hochkonjunktur. Ich hatte freie Hand und Geld für neue Bücher. Natürlich gab's Bedenken gegen eine Leihbücherei (darüber wäre viel zu berichten). Jedenfalls habe ich erfahren, dass der Kumpel – noch mit schwarzen Augenringen, frisch aus der Kaue – durchaus Lesehunger entwickelt, wenn man ihm ein wenig hilft.

Natürlich bin ich auf „Schlägel & Eisen" mehrfach mit eingefahren (nachher Klopfen an der Kauentür: „Frau Doktor, soll ich Sie buckeln?") – bis auf die damals sensationellen 500 Meter Tiefe und weiter: Später seit 1948 verheiratet, mein Mann Professor an der Ruhr-Universität. Vorher noch Einfahrten in zwei Dortmunder Zechen, eine Einfahrt auf Zeche „Nordstern", das müsste so in den Achtzigern gewesen sein, auf über 1.000 Meter. Da war die Hydraulik-Abbau-Maschine in Betrieb! Das zu erleben im Vergleich mit Lünen vor etwa 20 Jahren, das war fast nicht zu fassen.

Gisela Fabricius, Hattingen

Consolidation und die Ausbildung zum Bergmann

Als ich Ende 1951 meine Schulzeit beendet hatte, stand in meinem Wohnort Löningen für Volksschüler nur eine Lehrstelle zur Verfügung. Was lag für einen 14-Jährigen da näher, als in die Fremde zu gehen, um der Aufsicht der Eltern zu entfliehen. Außerdem lockte der Bergbau mit hohen Ausbildungsvergütungen, Wohnen in der Gemeinschaft und einem interessanten Betreuungsprogramm.

So landete ich im November 1951 auf der Zeche Consolidation in Gelsenkirchen. Die Zeche hatte ein Lehrlingsheim in der Boniverstraße. Hier zog ich ein und stellte fest, dass ich mein Einzelzimmer zu Hause mit einer Sechs-Mann-Stube getauscht hatte. Mit meinen 14 Jahren war ich der jüngste auf der Stube und hatte zu gehorchen. Ich kam mir vor, als wäre ich noch zu Hause unter der Aufsicht meiner Eltern. Anfangs lag ich oft abends im Bett und fragte mich, ob ich das wohl durchhalten würde, denn das Heimweh plagte mich. Aber schon hier merkte ich schnell, dass ich nicht unter Schulkameraden oder Kollegen war; sondern wir waren Kumpel.

Ich glaube, die Gefahr des Bergmannberufs schweißte uns mehr zusammen, als es sonst in gefahrloseren Berufen der Fall ist. Ob im Lehrlingsheim oder auf der Zeche, ich fühlte mich als jüngster dort verstanden und betreut. Ich habe in angenehmer Erinnerung, wie sich unser

Heimleiter, Herr Spiekermann, darum kümmerte, dass unsere Freizeit sinnvoll ausgefüllt war. Wir konnten Tischtennis und Handball spielen und fuhren im Winter nach Winterberg im Sauerland zum Skilaufen. Im Sommer wurde an den Wochenenden gezeltet, sodass wir nicht nur in der Dunkelheit des Berges, sondern auch bei jeder sich bietenden Gelegenheit an der frischen Luft in der freien Natur waren.

Auf dem Gelände des Lehrlingsheimes wurde eine Werkstatt eingerichtet, in der wir Segelflugzeuge bauten. Aufgeregt fieberten wir dem Zeitpunkt entgegen, als unser erstes Flugzeug, eine SG 38, fertig war und wir damit dann am Wochenende in die Borkenberge fuhren, wo ich den Flugschein A des Aero-Clubs machte.

Betreuung wurde zu der Zeit in meinem Heim groß geschrieben. Wir hatten nicht nur einen prima Heimleiter, sondern auch einen Jugendleiter, der uns die Wünsche von den Augen abgelesen hat. Schweren Herzens mussten wir aber dann 1954 unseren beliebten Heimleiter in den Ruhestand verabschieden. Ich habe danach nirgends mehr so viel Betreuung erlebt, wie zu der Zeit der Ausbildung auf der Zeche Consolidation.

Meine Ausbildung machte mir viel Spaß, denn sie war abwechslungsreich. Bevor wir unter Tage durften, war ich am Leseband, in der Mechanischen Werkstatt, im Labor und in der Schreinerei eingesetzt. Eine umfassende Ausbildung, bei der ich auf den Einsatz am Leseband gerne verzichtet hätte, denn es war schon monoton, drei Monate von einem vorbeilaufenden Band Steine zu sammeln und diese in einen Trichter hinter mir zu werfen, damit auf dem Band nur noch die wertvolle Kohle blieb.

Mit Sehnsucht wartete ich darauf, 16 Jahre zu sein, um dann meine Ausbildung unter Tage fortsetzen zu können. Angst und Stolz lagen da nah beieinander. Angst hatte ich vor der ersten Grubenfahrt in etwa 1.000 Meter Tiefe. Was mir da alles von meinen Stubenkameraden vorher erzählt wurde: Zu Beginn der Einfahrt in die Grube, wenn der Förderkorb startet, soll man das Gefühl haben, der Magen käme hoch, während der Fahrt in die Tiefe hört man das laute Rattern des Förderkorbes verbunden mit dem Rauschen des Luftzuges, und wenn der Förderkorb dann auf 1.000 Meter Tiefe zum Stehen kommt, wird der Körper auf die Beine gedrückt. Das alles würde mir dann bei der Ausfahrt in umgekehrter Reihenfolge widerfahren. Stolz wollte ich sein, wenn ich dann von der Hitze schweißgebadet und vom Kohlenstaub geschwärzt wieder ans Tageslicht kam.

Alles war übertrieben, denn es war nicht so, da wir Lehrlinge anfangs nur zur Reparatur der Hauptstrecken eingesetzt wurden, wo die Wetter, so hieß der Luftzug, kalt waren und von Kohlenstaub nichts zu sehen war. So kam ich nach Ende der Schicht in die Kaue und

Bild oben: Zeche Langenbrahm in Essen kurz vor der Stilllegung im Jahr 1966

Bild links: Zeche Waltrop um 1975. Stillgelegt im Jahr 1979

Bild unten: Zeche Rosenblumendelle/Wiesche in Mülheim an der Ruhr. Stillgelegt im Jahr 1966

Bild oben: Zeche Scharnhorst in Dortmund, 1978. Nach dem Verbund mit Gneisenau 1931 stillgelegt im Jahr 1975

Bild unten: Zeche König Ludwig in Recklinghausen, stillgelegt im Jahr 1965

sah im Spiegel, dass ich noch nicht mal so schmutzig war wie zu Beginn meiner Ausbildung am ungeliebten Leseband. Das sollte sich aber schlagartig ändern, als ich zum Abbauen der Kohle im Streb eingesetzt wurde und die abgebaute Kohle vom Streb in die Tiefe stürzte und undurchsichtige Staubwolken hinterließ. Da habe ich gerne an die Zeit meiner Ausbildung über Tage gedacht. Angst und Stolz waren verflogen. Die Realität hatte mich eingeholt.

Nach dem Bestehen der Knappenprüfung änderte sich alles. Jetzt war ich Bergknappe und musste auf den Schachtanlagen 1/6 und 3/4/9 mein Geld im Gedinge – so nannte man die Akkordarbeit im Bergbau – verdienen. Das Lehrlingsheim, die vertraute und liebgewordene Umgebung, musste ich verlassen. Mein Zuhause war ich damit wieder los. Ich mietete mir ein Zimmer, welches recht einfach war. Die Toilette war eine Etage tiefer und das Waschbecken befand sich auf dem Flur. Gut, dass wir auf der Zeche die Kaue hatten und damit nicht auf das Duschen zu Hause angewiesen waren. Diese primitive Einsamkeit sowie die Erkenntnis, dass der Bergmann mit 50 Jahren gesundheitlich kaputt war, und die wirtschaftliche Zukunft des Bergbaus, haben mich 1957 bewogen, Gelsenkirchen zu verlassen, um in Koblenz den Rest meines Berufsleben zu verbringen.

Trotzdem denke ich gerne an die Zeit zurück und bedaure, dass ich meine ehemaligen Stubenkameraden Ernst Quast, Helmut Höher, Klaus Bayer, Manfred Thal und Fritz Westphal aus den Augen verloren habe.

Manfred Kaapke, Koblenz

Der Kontrolleur von der Knappschaft

Im Oktober 1947 bekam jeder auf unserer Schachtanlage (Mathias Stinnes 3/4) ein Care-Paket. Zur damaligen Zeit war das für jeden Haushalt eine sehr große Hilfe. Voraussetzung war, dass man im Monat August alle Schichten (6-Tage-Woche) verfahren hatte.

Nun habe ich im August 1947 geheiratet und am Hochzeitstag nicht gearbeitet. Am Ausgabeschalter wurde ich vom zuständigen Angestellten abgewiesen. Eine Schicht gefehlt, kein Care-Paket. In meiner Not ging ich zum Betriebsrat. Auf meine Frage, ob ich am Hochzeitstag womöglich Nachtschicht machen sollte, kamen die vom Stuhl hoch. Als gestandene Ehemänner wussten sie doch, was an einem Hochzeitstag so alles abgeht. Man begleitete mich zum Schalter, und der Angestellte rückte das Care-Paket heraus.

Die Arbeit vor Kohle war Raubbau am eigenen Körper. Dazu kam noch die oft fiese Behandlung durch den Steiger. Am Wochenende brachte man den „Püngel“ mit nach Hause. Damit durfte sich dann die Ehefrau beschäftigen. Der „Püngel“ war das im Handtuch eingedrehte dreckige Grubenzeug.

Wer die Arbeit hinschmiss oder wem gekündigt wurde, flog aus der Zechenwohnung, und es herrschte damals Wohnungsnot!

In der Nachbarschaft hatte sich ein Ehemann von seiner Familie und Arbeit abgesetzt. Es dauerte nicht lange und die Möbelpacker standen vor der Tür. Der gesamte Hausrat mit Frau und vier Kindern gingen ab in die „Pampas", ins Obdachlosenasyl, eine miese Baracke. Dort wurden sie Gott sei Dank von einem Politiker herausgeholt.

Und wenn man krank würde?

Spätestens nach einer Woche hieß es: Antreten beim Vertrauensarzt. Zehn Männer wurden gleichzeitig ins Behandlungszimmer geschickt. Oberkörper freimachen, jeder wurde gemessen und gewogen. Dann nahm der Arzt die Front ab, tastete jeden mit den Augen ab und schaute dabei in seine Notizen.

Die Untersuchung war zu Ende und man wartete auf das Ergebnis. Fast alle waren arbeitsfähig. Ich hatte einen Muskelfaserriss im Oberschenkel und noch Schmerzen. Als sich die Tür zum Behandlungszimmer öffnete (sie hatte von außen keine Türklinke), um jemand herauszulassen, rutschte ich hinein und fragte den Arzt, wieso er mich arbeitsfähig schrieb, er müsste doch wissen, dass ich noch nicht gesund sei. Na, da war was los. Der Doktor konnte sprechen und sogar laut. Ich beging Hausfriedensbruch, sagte er und drohte, die Polizei zu holen. Er war total aufgebracht.

Bei der Knappschafts-Zahlstelle gab es außerdem noch einen Kontrolleur. Der tauchte unangemeldet bei den Kranken auf. Er verlangte Einsicht in den Krankenschein und wollte den Patienten sehen. Wer nicht anwesend war, musste mit Abzug von Krankengeld rechnen. Die ersten drei Tage waren Karenztage und wurden sowieso nicht bezahlt.

Es gibt auch was Gutes zu berichten. Die Werksfürsorge. Man sorgte sich sehr um Kleinkinder und deren Mütter. Es gab den Kindergarten und die Nähstube. Kinder konnten sich an der Nordsee erholen. Alles kostenlos. Je mehr aber die Technisierung im Untertagebetrieb voranschritt, desto mehr wurden die Vergünstigungen über Tage nach und nach abgebaut.

Hermann Lempert, Gladbeck

Opas Erzählungen

Ich selbst habe keine direkten Erinnerungen an den Bergbau. Aber ich weiß noch heute, wie gern ich meinem Opa Josef Tomczak zuhörte, wenn er von seiner Arbeit im Bergbau berichtete. Er war auf Rheinbaben in Bottrop beschäftigt. Das muss ungefähr bis Ende der 1950er-Jahre gewesen sein. So manches Mal habe ich ihn von der Frühschicht abgeholt. Dabei erinnere ich mich an die graue zweiteilige Arbeitskleidung, die Holzklotschen, die Opa trug. In der Hand eine schwarze „Aktentasche", mit Thermoskanne – die

Zeche Neumühl in Duisburg, um 1959.
Stillgelegt im Jahr 1962

Brote waren verzehrt – und den Henkelmann in der anderen Hand.

Eingefahren ist Opa mit einem „Fahrstuhl“, dessen Geschwindigkeit so enorm war, dass Opa, unten angekommen, sich oftmals übergeben musste. Im Bergbau waren auch Pferde eingesetzt, die den Kohlen-wagen, die Lore, zogen. Opas Pferd hieß Lotte.

Einmal hat er für 14 Tage nur auf dem Rücken liegend arbeiten müssen, so eng war es im Flöz. Da hat er mit Oma, seiner Frau, oftmals geweint, wenn er nach Hause kam. Opa hat die Arbeit im Bergbau als so unangenehm empfunden, dass er nicht in der Lage war, Überstunden zu machen. Die gesamte Situation war für ihn zu bedrückend.

Opa war immer ein gepflegter Mann, er hat viel Wert auf ein gepflegtes Äußeres gelegt. So sah man ihn nie mit dunklen Augenrändern oder schwarzen Fingernägeln. Auch kleinere Verletzungen, die er sich bei seiner Arbeit unter Tage zuzog, reinigte er gründlich, so dass keine schwarzen Narben zurückblieben.

Im Bergbau waren auch Kriegsgefangene eingesetzt. Bei einem Unglück unter Tage – was genau geschah, vermag ich nicht zu sagen – ist ein russischer Kriegsgefangener verschüttet worden. Opa hat ihn unter Einsatz seines eigenen Lebens gerettet. Während die Sanitäter ihn wegtrugen, rief er: „Dankschön, Jupp, dankschön Jupp!“ Dieser Kriegsgefangene hat später aus Draht ein Körbchen geflochten, mit dem ich gern gespielt und das ich im Sommer mit Wiesenblumen verziert habe.

Damals bei Opas Erzählungen habe ich gespannt gelauscht, heute berührt mich das alles stark!

Mit 52 Jahren wurde Opa zum Invaliden, das Los ungezählter Bergleute: Silikose. Opa hatte eine hundertprozentige Steinstaublunge. Trotzdem, ich vermute aufgrund einer gesunden Lebensführung, – ist Opa 80 Jahre alt geworden.

Birgit Michaelsen, Bottrop

Was habe ich nur verbrochen ...

Nachdem meine Familie mit mir die Bombardierung von Gladbeck am 23./24. März 1945 überlebt hatte und meine Volksschulzeit Ostern 1951 endete, begann ich mit 14 Jahren, weil nichts anderes zu bekommen war, eine Berglehre auf der Schachtanlage Möller in Gladbeck. Die zweijährige Lehre über Tage war für einen 1,58 Meter großen und etwa 45 Kilogramm schweren, noch nicht voll entwickelten Jungen eine schwere Zeit. Mit 16 Jahren wurde ich nach Untertage verlegt. In Revier 3 auf der dritten Sohle in etwa 800 Meter Teufe wurde die Kohle von Flöz Albert abgebaut. Ich bekam die Aufgabe, an einer Übergabestelle von einem luftbetriebenen Kratzband und einer Rutsche den Kohletransport zu überwachen und die Übergabestelle, die nur die Flözhöhe von etwa einem Meter hatte, sauber zu halten. Nach etwa sieben

Stunden Arbeitszeit verließ ich fast taub (Ohrenschützer gab es nicht) und mit zerschundenen Händen (Arbeitshandschuhe gab es auch nicht) meinen Arbeitsplatz und fuhr mit meinen neuen Kumpel nach Übertage. Beim Anblick des blauen Himmels kam ich mir wie neu geboren vor.

Im gleichen Revier war ich für das Umsetzen der leeren Kohlewagen in ein anderes Gleis an der Ladestelle eingesetzt. Es war Schichtwechsel, die Kumpel kamen aus dem Streb und gingen zum Schacht. Einer war sehr unachtsam. Er zwängte sich zwischen zwei Kohlenwagen durch, als diese von einer Lok vorgedrückt wurden. Mit gebrochenen Beckenknochen lag er stöhnend und wimmernd neben mir. Dieses Ereignis konnte ich bis heute nicht aus meinem Gedächtnis verdrängen. Etwa ein halbes Jahr später war ich als Zugbegleiter beim Materialtransport auf der 5. Sohle eingesetzt. Es wurden vier Meter lange Rohre mit 40 Zentimeter Durchmesser auf Teckeln transportiert. In einer Kurve, ich stand innen, zog der Lokführer den Zug an, die Wagen mit den Rohren stürzten um und ich lag darunter. Da auf der 5. Sohle noch kein Kohleabbau betrieben wurde, waren wenig Kumpel dort beschäftigt, die mir neben dem Zugführer helfen konnten. Es war zum Glück Schichtwechsel. Eine Kolonne, die zum Schacht ging, konnte mit vereinten Kräften die Teckel anheben und mich unter den Wagen hinweg ziehen. Meine Verletzungen waren erheblich. Ich war zwei Monate arbeitsunfähig, hatte aber trotz allem viel Glück gehabt.

Nach Abschluss der Berglehre, mit 18 Jahren, kam ich ins Gedinge (Akkordarbeit). Ich wurde beim Kohleabbau in Flöz Viktoria (Mächtigkeit 0,80 Meter) eingesetzt. Der Abbau wurde noch von Hand betrieben, d.h. die Kohle wurde mit dem Abbauhammer gelöst und mit der Schaufel auf ein Förderband gebracht, während der entstandene Hohlraum mit Holzstempeln abgestützt wurde. Für mich, mittlerweile 1,80 Meter groß, war das eine mächtige Schufterei. An Leistung wurden 6–8 Tonnen pro Schicht gefordert. Oft habe ich mir gesagt: „Was habe ich nur verbrochen, dass ich hier so schuften muss." In dieser Zeit reifte in mir der Gedanke, das muss sich ändern, ich werde versuchen, Steiger zu werden.

Dieses Studium, ein Jahr Aufbauklasse, zwei Jahre Bergvorschule (beides als Abendschule) und zweieinhalb Jahre Bergschule (Vollstudium) stand mir nun bevor. Während der Studienzeit wurde ich mit allen bergmännischen Tätigkeiten vertraut gemacht.

In dieser Zeit war man bei vielen Kumpel nicht gut gelitten. Man sollte noch einmal kräftig arbeiten, weil man später nur noch Anordnungen zu geben und ein ruhiges Arbeitsleben hatte. Eine Begebenheit lässt mich heute noch schmunzeln. Ich war in einem Streckenvortrieb eingesetzt. Der gesprengte Bergehaufen wurde von Hand mit der Schaufel auf ein Kratzband geschaufelt und von dort in Wagen geladen. Mit mir schaufelten vier Kumpel wortlos die Berge auf das Kratzband. Man wartete darauf, dass ich um eine Pause nachsuche. Nach und nach legte einer nach dem anderen nach der knüppelharten Schaufelei die Arbeit nieder. Zum Schluss, ich schaufelte weiter, wurde ich aufgefordert, mit den anderen eine „Prise" (Schnupftabak) zu nehmen. Von da an war ich als gleichwertiger Arbeitskollege anerkannt.

Zurückblickend auf die fünfziger Jahre im Ruhrbergbau ist zu sagen, aufgrund fehlender Mechanisierung wurden die Arbeiten unter Staub, Dreck und Hitze größtenteils von Hand erledigt. Arbeitsschutzmittel wie Arbeitskleidung, Arbeitshandschuhe, Staubmasken, Hörschutz etc. gab es kaum oder waren unbrauchbar. Die Leistungen, die man erbringen musste, waren hoch angesetzt. Das Arbeitsklima war rau. Für geringe Verfehlungen wurde man mit Bußgeldern belegt, die den hart erarbeiteten Lohn schmälerten.

Nach meinem Examen als Steiger im Herbst 1961 bekam ich eine Anstellung auf der Verbundanlage Möller/Rheinbaben. Die sich abzeichnende Bergbaukrise veranlasste mich, meine berufliche Zukunft neu zu überdenken.

Bei meiner Kündigung sagte mir der Betriebsführer, dass der von mir geplante neue Berufsweg der richtige sei. Jahre später wurde die Verbundanlage geschlossen. Ich nahm das Angebot der Strabag Bau AG in Köln an, die mich betriebsintern zum Bauleiter für den Tief- und Straßenbau umschulte.

Nach acht Jahren in diesem Beruf wechselte ich in den Öffentlichen Dienst, arbeitete dort als Vermessungsingenieur und wurde mit 60 Jahren nach über 45 Arbeitsjahren und drei ausgeübten Berufen pensioniert.

Herbert Pemp, Gladbeck

Alle halten zusammen

„230" rief der Mann in einen offenen Schalter hinein und bekam diese Blechmarke in die Hand gedrückt. Dies geschah an der Markenkontrolle des Schachtes Kronprinz des Mülheimer Bergwerksvereins in Essen-Schönebeck. Der Mann in Räuberzivil ging nun mit der umgehängten Kaffeetüte durch den Lichthof. Hier lagen die Schalterfenster der einzelnen Reviere. Am Schalter vom A-Revier saß der Reviersteiger von unserem Mann mit der Nr. 230. „Glückauf! Steiger, ich bin da." „Es ist gut, Sepp." Der Mann, der Sepp genannt wurde, ging in die Mannschaftskaue hinein. In den 50er-Jahren des vorigen Jahrhunderts gab es für die Kumpel nur eine Schwarzkaue. Unser Mann, der Kumpel Sepp, war auf Kronprinz Schießhauer. Er zog die Straßenkleider aus, nahm von seinem Haken die schwarzen Arbeitssachen und kleidete sich damit an. Nun sah er wie ein Kumpel aus. Die Straßenkleider wurden am Haken hängend unter das Dach gezo-

Idylle mit Kühen am Fuße der Halde, Oberhausen

Bild ganz oben: Holztransport an der Zeche Nordstern in Gelsenkirchen, 1966
Bild oben rechts: Holzlager vor der Zeche Mathias Stinnes in Gladbeck-Brauck, 1959
Bild oben: Koksverladung auf der Bochumer Schachtanlage Hannover-Hannibal, 1973
Bild unten: Dampfförderanlage auf der Zeche Waltrop aus dem Jahre 1906 (Aufnahme: 1979)

Die Haldenlandschaft im Ruhrgebiet war allgegenwärtig, ob als monströser Ort der Schüttung in Dortmund oder als kontrastreiche Kulisse mit Mercedes Benz in Essen

gen. Helm auf, und da kamen auch schon seine Arbeitskollegen zu ihm, die man Kumpel nennt. Man ging gemeinsam zur Lampenstube. Der Sepp als Schießhauer bekam eine Benzinlampe (Wetterlampe) und seine Kumpel eine elektrische Topflampe in die Hand gedrückt, deren Akku über zwei Schichten lang brennen würde.

Über die Hängebank erreichten die Bergleute die Schachthalle. Hier hatte sich schon eine lange Schlange von zur Anfahrt bereiten Kumpel gebildet. Dann ertönte die Schachtglocke. Zweimal vier Schlag ertönen – das Signal bedeutet: Die planmäßige Seilfahrt beginnt. Da kommt ja schon der Förderkorb, der ein Gestell ist. Acht Männer bestiegen eine Etage des Korbes. Vier Etagen hat jeder Korb, alle 32 Männer hingen nun am Seil und rauschten nach dem Fertigsignal in die Tiefe. Alles war dunkel. Nur die Grubenlampen der Leute spendeten ein spärliches Licht. Der Förderkorb hielt an der Hauptfördersohle. Alles raus in das hell erleuchtete Füllort. Im angrenzenden Querschlag stand ein Personenzug bereit. Die Fahrdrahtlok mit den Personenwagen dahinter brachte uns hinein ins Grubenfeld. An einem Blindschacht waren wir am Eingang des Reviers angekommen. Aussteigen und ein paar Schritte über die unebene Streckensohle und dann noch einmal eine kurze Seilfahrt in einen Schacht, der zwei Strecken verbindet, die übereinander liegen. Noch ein kurzer Weg in einer Abbaustrecke und der Sepp und seine Kumpel waren am Ziel.

Nun wurde erstmal gedubbelt. Dann los, die Arbeit ruft. Die hier eingesetzten Bergleute waren Gesteinshauer und brachen einen Aufbruch hoch. Das heißt, eine Strecke wird senkrecht nach oben aufgefahren. Es sollte ein Blindschacht werden, der die Gebirgsschichten nach oben aufschließt. Der fertige Hohlraum wurde mit Holzkanthölzern ausgebaut wie ein fertiger, rechteckiger Schacht. Die eine Hälfte des Blindschachtes war der Fahrschacht. In diesem waren Fahrten (Leitern) eingebaut. Die andere Hälfte war während der Auffahrung verkleidet und diente als Bergekasten zur Abförderung der anfallenden Berge (Steine).

Die zur Arbeit bereiten Kumpel kletterten die Fahrten nach oben. Am oberen Ende des Aufbruchs war ihre Arbeitsstelle. Der letzte Ausbau war von der vorherigen Schicht eingebracht worden. Über ihren Köpfen befand sich die Ortsbrust. Der Vortrieb musste nach oben erfolgen. Erst wurde vorsichtig die Ortsbrust oben abgetrieben (abgeklopft), lose Gesteinsbrocken gelöst und heruntergeholt. Jetzt begann die Bohrarbeit. Bald dröhnten die Bohrhämmer und drehten die Bohrstangen nach einem vorgeschriebenen Schema in das Gestein. Dann noch die Löcher für den Einbruch herstellen. Jetzt wurden die hergestellten Bohrlöcher mit Gesteinssprengstoff geladen. Den Sprengstoff hatte der Schießhauer mit einem Gehilfen vom Sprengstoffraum mitgebracht. Der Schießhauer leuchtete nun gewissenhaft mit der Benzinlampe (Wetterlampe) die Firste ab. In Ordnung, die Luft (Wetter) war rein – kein Methangas vorhanden. Die Zündkabel wurden verbunden und an eine Zündmaschine angeschlossen. Die gesamte Mannschaft ging aus der Gefahrenzone heraus. Es brannte! So rief der Schießhauer laut. Ein riesiger Knall. Die Sprengung war erfolgt. Noch eine Prüfung der Arbeitsstelle durch den Ortsältesten. Alles in Ordnung. Der Abschlag war gut gekommen und dann war Schicht.

Schnell wurde der Rückweg angetreten. Am Schacht hatte schon die Seilfahrt begonnen. Es ging zum Tageslicht empor. Schnell in die Kaue und den Staub und den Schweiß abgespült. „Buckeln" wurde da gerufen. Also einem Kollegen sollte der Rücken gewaschen werden. Schnell die Straßenkleider an und dann zum Zechentor. Dort warteten schon alle Arbeitskollegen vom Sepp. Er hatte vor ein paar Tagen Jubiläum gehabt. 25 Jahre Bergmann. Heute hatte er seine Kumpel in sein Wohnhaus eingeladen. Nicht weit vom Schachtgerüst entfernt (im Volksmund: auf der Seilscheibe) lag die Bergarbeitersiedlung „Ardelhütte". Mit seiner Frau und den Kindern bewohnte Sepp die Hälfte eines Zechenhäuschens. An dieser Hälfte war nach hinten eine Waschküche und ein Stall angebaut. Ein großer Garten mit Obst und Gemüse schloss sich an. Die Frau des Bergmanns hatte ihren Mann und seine Kollegen schon erwartet. Im Waschkessel kochte die Erbsensuppe für alle. Im Keller stand das Bier bereit. Aber halt, zur Begrüßung gab es erst einen klaren Bergmannsschnaps. Glückauf! Das tat gut. Auch den Nachbarn, die auch gekommen waren. Das waren nicht nur Nachbarn, sondern alles Bergleute vom Schacht Kronprinz. Eine Schicksalsgemeinschaft. Jeder kannte jeden. Jeder wusste vom anderen alles. Es gab auch mal Streit in der Siedlung und auf der Zeche. Nur wenn es darauf ankam, da hielten alle zusammen. Sie stützten und halfen sich. Na, und feiern konnten sie auch alle. Nicht nur beim Sepp …

Leider ist das Vergangenheit. Diese Zeche gibt es nicht mehr.

Heinz Peukert, Duisburg

Wir galten als Vagabunden

Im März 1948 fuhren vier junge Männer frohgemut mit der Reichsbahn ins Ruhrgebiet. Sie waren schon einige Jahre im Schwerspat-Bergbau in Bad Lauterberg im Harz tätig gewesen und glaubten sich gut gerüstet für den Ruhrpott. Ihr Ziel war die Stadt Herne, die ihnen als „Goldene Stadt" des Westens bekannt war wegen der geringen Zerstörungen, die sie erlitten hatte.

Die Fahrt mit der Bahn war an sich schon ein Abenteuer. Kein Licht in den Abteilen, kein Fensterglas in den Fenstern, die Wagen überfüllt und auf den Trittbrettern befanden sich die Säcke mit Kartoffeln, die sich die Rheinländer im Osten erfochten hatten.

Wir heuerten auf der Zeche Shamrock 1/2 an. Der Betriebsführer – reine Götter auf den Zechen mit vielen Privilegien – machte mir sofort klar, dass er mir nur wenige Tage gebe, die ich auf der Zeche bliebe. Ich hatte viele kesse Fragen gestellt und war auch sonst im Gespräch nicht handzahm. Aus den in Aussicht gestellten wenigen Tagen wurden fünf Jahre, die ich auf Shamrock 1/2 arbeitete.

Untergebracht waren wir nicht in einer „heilen" Bergmannsfamilie mit Kostgängerstatus. Nein, in einem Ledigenheim fanden wir eine Bleibe, die „Bullenkloster" hieß und sich in Herne in der Brunnenstraße befand. Wir vier Bad Lauterberger erhielten ein zwölf Quadratmeter großes Zimmer mit vier Spinden, das für einige Jahre unser Zuhause war. Später kamen noch Wanzen dazu. Männer, die Spät- oder Nachtschicht hatten, mussten jeglichen Lärm ertragen. Von Erholung nach der schweren Arbeit konnte keine Rede sein. Auf meinen Protest, dass es unzumutbar sei, mit Ungeziefer ein würdiges Leben zu führen, erwiderte mir der damalige Heimleiter, dass ich verwöhnt sei, weil ich aus einem Kneippkurort – Bad Lauterberg – stamme.

Ich wurde zuerst im allgemeinen Schichtdienst eingesetzt, später in der flachen Lagerung. In dem 1,60 Meter hohen Flöz hämmerten wenigstens 30 Abbauhämmer. Ohrenschutz war ein Fremdwort, die Folgen zeigten sich im Alter. Wir leisteten Sonntagsschichten für die damals eröffneten Ruhrfestspiele in Recklinghausen und für die frierenden Menschen in der BRD. Gedankt hat es den Bergleuten keiner als es darum ging, die Arbeitsplätze zu erhalten.

Zuletzt arbeitete ich als „Rauber". Diese mussten die Eisenstempel retten, die sich noch im Bereich der abgebauten Kohle befanden. Es war eine gefährliche Arbeit. Der Schichtlohn nach der Währungsreform 1948 belief sich auf sieben bis acht DM. Zur Nachtschicht gingen die Kumpel aus dem „Bullenkloster" um 24 Uhr immer gemeinsam zur Schicht, diese Gemeinsamkeit bewahrte uns vor der Angst vor den Gefahren in 600 Meter Tiefe. Unser einziger Halt waren die Kameraden aus dem „Bullenkloster", mit denen wir Leid und Freud teilten. Für die Menschen in der Stadt waren wir „Vagabunden" und „Asoziale", mit denen man keinen Kontakt wünschte. Der Lebensinhalt der meisten Bewohner des Ledigenheims war Arbeit, guter Lohn, IK-Marken – da gab es Butter und Bohnenkaffee etc. – und der „Alleströster" Alkohol.

Betrat ich montags die Kantine im Haus, erblickte ich Unmengen von Schnaps- und Cognacflaschen auf den Tischen. Es spielten sich besonders über das Wochenende fürchterliche Szenen ab. Viele verzweifelten an ihrem Schicksal, an der Schwere der Arbeit und der Angst vor Unfällen. Viele meldeten sich zur Fremdenlegion und starben in Viet-

Bonn: Kohlebergbau bleibt wichtigster Energieträger

Bundeskanzler wiederholt Erklärung zugunsten der heimischen Kohle

Von unserem Bonner Büro Mü BONN, 6. August

Durch wirtschaftspolitische Maßnahmen der Bundesregierung sollen die ungleichen Wettbewerbsbedingungen der deutschen Steinkohle gegenüber dem Heizöl und der Importkohle beseitigt werden. Dies verlautete am Mittwoch in Bonn nach einem über dreistündigen Gespräch, zu dem Bundeskanzler Dr. Adenauer 17 Vertreter der Bundesregierung, der IG Bergbau, der Montanunion und der Unternehmensverbände des Steinkohlenbergbaus eingeladen hatte. Es wurde beschlossen, daß die notwendigen Maßnahmen in weiteren Besprechungen festgelegt werden sollen. In Bonn glaubt man, daß als eine der ersten Maßnahmen der Preis für Heizöl erhöht werden soll.

In einer gemeinsamen Erklärung, die nach der Unterredung herausgegeben wurde, bestätigt der Bundeskanzler erneut seine frühere Erklärung zugunsten des Bergbaues und betonte, daß er die heimische Kohle heute und für alle Zukunft als den für die deutsche Wirtschaft wesentlichen Grundstoff betrachte. Der Bergbau dürfe nicht durch die Zufälligkeiten konjunktureller Schwankungen in seiner Existenz gefährdet werden.

In enger Zusammenarbeit aller Beteiligten soll dafür gesorgt werden, daß die Interessen und Programme der verschiedenen Energieträger sorgfältig aufeinander abgestimmt werden. „Dabei", so heißt es in dem Kommunique, „müsse die Leistungsfähigkeit des Steinkohlenbergbaues und die gleichmäßige Beschäftigung der Bergarbeiter gesichert bleiben."

Feierschichten auf 43 Zechen

Täglich 50 000 t Kohle und Koks auf Halde gekippt

WAZ RUHRGEBIET, 15. August

Die Zahl der Ruhrzechen, die in dieser Woche Feierschichten einlegen müssen, hat sich nach Mitteilung der IG Bergbau um 6 auf 43 erhöht. Das ist über ein Drittel der 120 fördernden Anlagen. Der dadurch entstehende Förderausfall beträgt insgesamt 172 000 t Kohle.

Nach Angaben der IG Bergbau mußten seit Beginn der Absatzkrise im Bergbau bis Ende dieser Woche 870 803 Feierschichten verfahren werden. Der Verdienstausfall der Bergleute wird auf 20,5 Mill. DM veranschlagt. Seit 1. Juli seien je Fördertag 50 000 t Kohle und Koks auf Halden gekippt worden.

Die Haldenbestände vom 11. August in Höhe von 9 015 416 t unverkaufter und 852 766 t verkaufter, aber noch nicht abgerufener Menge an Steinkohle und Koks entsprechen 25 Tagesförderungen. Nach Erschöpfung der Lagermöglichkeiten müsse bei der gegenwärtigen Lage nach acht Fördertagen eine Feierschicht eingelegt werden.

Die Ausschnitte aus der Westdeutschen Allgemeinen Zeitung belegen: Die beginnende Krise des Bergbaus in den fünfziger Jahren wird 1955 von der Bundesregierung noch beschwichtigt – die Realität im selben Jahr sieht jedoch anders aus

nam. Andere verstümmelten sich, um einen besseren Posten zu erwischen.

Fazit: Ich habe viel gelernt von den Menschen auf'm Pütt, wurde für meine spätere berufliche Arbeit befähigt, Belastungen zu ertragen. Es war eine Lehrzeit, die ich nicht missen wollte, trotz vieler bitterer Erlebnisse.

Dem Ruhrgebiet und seinen Menschen bin ich auch heute noch sehr verbunden.

2009 holte mich der „Pütt" wieder ein. Ich erkrankte an einer sehr aggressiven Bronchitis, die zu einer Lungenentzündung führte. Das Krankenhaus, in das ich eingeliefert wurde, diagnostizierte, dass eine teilweise Silikose die jedes Jahr auftretende Bronchitis maßgeblich beeinflusst hätte.

Dietrich Scholler, Bochum

Ein Jahr unter Tage

Herbst 1945. Aus der Gefangenschaft heimgekehrt, ist es

mein Wunsch, Lehrer zu werden. Um die Zeit bis zum Studium zu überbrücken und mir meinen Lebensunterhalt zu verdienen, werde ich auf der Zeche Katharina in Essen-Kray vorstellig und frage beim Betriebsleiter an, ob ich für ein Jahr auf der Zeche eine Tätigkeit finden könne. Man antwortet mir im barschen Ton: „Wir brauchen keine Studenten, nur Bergleute". „Dann nehmen Sie mich eben als Bergmann", entgegne ich und erkläre mich bereit, am nächsten Tag vor Kohle als Gedingeschlepper anzufangen, ohne zu wissen, worauf ich mich eingelassen habe.

Es ist früh am Morgen, noch liegt Finsternis über dem Zechengelände. Mein erster Weg ist in die Waschkaue, wo ich die derben Bergmannskleider erhalte und mich umziehe. Ich schaue mich um und suche die Kleiderschränke. Verblüffend die Lösung: Für jeden Bergmann gibt es eine Kette mit ein paar Haken zum Aufhängen der Kleider, die dann unter die Decke gezogen wird.

Mit einigen Kumpel stehe ich auf der „Hängebank". Der Förderkorb taucht aus der dunklen Tiefe hervor, der „Anschläger" öffnet das Sicherheitsgitter und lässt uns einsteigen, nachdem die letzten Bergleute der Nachtschicht herausgetreten sind. Die Fahrt in die Tiefe beginnt. Mit einer rasenden Geschwindigkeit fallen wir in die Erde hinab, die mir den Atem beklemmt, und ich fühle leichten Druck auf den Ohren. Ich frage nach der Geschwindigkeit unserer Seilfahrt und erfahre, dass wir mit acht Metersekunden fahren, die Kohle jedoch mit 18 Metersekunden befördert wird. Der Korb ruckt leicht und hält. Wir sind 900 Meter unter Tage.

Mit noch unsicheren Schritten betrete ich eine mir noch fremde Welt, die Welt unter Tage, die mir jetzt ihr wahres Gesicht zeigen will.

Im Schein meiner Grubenlampe beginne ich nach kurzer Einweisung meine schwere Arbeit. Die mit dem Presslufthammer aus dem Gestein gewonnene Kohle schaufele ich als Gedingeschlepper in die eisernen Wagen. Ich ziehe mein Hemd aus, die Hitze treibt mir den Schweiß aus den Poren. Erschöpft von der ungewohnten Arbeit, nehme ich in einer kurzen Pause einen tiefen Schluck aus der Pulle und schnappe bei über 30 Grad nach Luft. Nein, hier unten gibt es keine Fenster! Nicht schlapp machen, weiter arbeiten! Ich erschrecke vor dem Jahr, das mich hier erwartet.

Unter der Brause in der Waschkaue erhole ich mich und bin einem Kumpel dankbar, dass er mich „buckelt", d. h. mir den Rücken wäscht, wie ich anschließend ihm.

So vergeht das Jahr, bis kurz vor dem Ende der Unfall passiert. Bevor die Schicht vorbei ist, kommt das Hangende in Bewegung und ein Kohlenstück trifft mein linkes Bein. Ein Rettungswagen bringt mich in das Knappschaftskrankenhaus. Die Wunde verheilt zu einer blauen Narbe, die ich mit Stolz jedermann zeigt, dem ich von meiner Bergmannszeit erzähle.

Bevor ich mein Studium beginne, mache ich meinen Abschiedsbesuch auf der mir so vertraut gewordenen Zeche. Ein letztes Glückauf.

Über dem Zechentor stehen kaum noch lesbare Worte, die ich erst jetzt versuche, zu entziffern und die dann zu einem stillen Gebet werden:

So will ich nun getrost die dunkle Fahrt antreten.
Ich fürcht' nicht die Gefahr, die etwa mich bedroht.
Wenn wir das unsere tun, im Geiste zu Dir beten,
dann fährst Du, Herr, mit ein und es hat keine Not.

Karl-Heinz Steven, Essen

Über das Arbeitsamt zum Pütt 1952

Ich hatte einige Tage Urlaub in Paderborn gemacht und mit meinem Vater meine nähere Zukunft besprochen.

Frohgemut ging ich morgens zum Arbeitsamt, dessen düsterer Flur gefüllt mit Männern und Frauen war. Als sich eine Bürotür öffnete, ging ich sofort in das Büro. „Was willst Du denn?", wurde ich empfangen. „Arbeit", war meine knappe Antwort. „Du kannst auf der Zeche anfangen", sagte der Beamte. „Einverstanden", sagte ich. Er sah mich etwas verdutzt an. Diese kurze und eindeutige Aussage hatte er wohl nicht erwartet, aber ich wollte ja auf den Pütt.

Er gab mir eine Fahrkarte nach Essen-Heisingen. „Fahr dahin und lass dich untersuchen. Wenn du fit bist, wird man dich irgendwo unterbringen." Damit war ich entlassen.

Am nächsten Morgen setzte ich mich in den Zug und fuhr nach Essen-Heisingen. Vom Bahnhof aus war es noch ein gutes Stück bis zum Untersuchungszentrum für Steinkohlenarbeiter. Hier gab es eine Menge Leute, die den gleichen Weg mit mir gingen.

Gegen 17 Uhr ertönte ein gellender Pfiff und riss mich aus dem Halbschlaf. „Alle Mann ausziehen und nackt in fünf Reihen mit Doppelarmabstand antreten." Diesen Kommiss-Ton kannten wir fast alle noch vom Jungvolk und ruck, zuck standen wir hervorragend ausgerichtet in der befohlenen Formation. Der Mann ging nochmals wie ein „Feldwebel" mit prüfendem Blick kurz durch die Reihen und nickte zufrieden.

Das einzig Gute an der Halle war, dass die Heizung funktionierte, denn wir mussten noch einige Zeit entblößt verharren, bis sich eine Flügeltür öffnete und ein Chefarzt mit zwei Assistenten in schneeweißen Anzügen und Mänteln bekleidet den Raum betraten. Eine Visite Dr. Sauerbruchs in der Charité konnte nicht besser inszeniert sein. Dann aber hatte ich das Gefühl, Teilnehmer an einer makabren Selektion zu sein. Das Ärztetrio ging durch die Reihen und begutachtete uns, wie es auch Händler auf einem Pferdemarkt

Protestmarsch gegen die Schließung der Zeche König Ludwig in Recklinghausen, November 1964

Die geplante Stilllegung der Dortmunder Zeche Hansa brachte 1967 die Kumpel auf die Straße

Angst vor dem Aus: 1966 werden vor den Toren der Zeche Rheinbaben in Bottrop Flugblätter verteilt

Heftige Dispute im Betriebratbüro der Zeche Minister Stein während eines Streiks, September 1969

Demonstration der Kumpel der Zeche Ewald/Schlägel & Eisen in Herten, 1991

Protest-Gottesdienst auf der Halde Pattberg in Moers gegen geplante Subventionstreichungen, 1993

Im November 1974 wird der Förderturm der Zeche Hannibal 1/3 in Bochum gesprengt

Trümmerfeld: Zeche Carl Funke in Essen, 1985

1990 fällt Schacht 5 der Zeche Minister Achenbach in Lünen

Sprengung des Förderschachtes der Zeche Hannover in Bochum, 1979

tun. Wir mussten uns bücken, der Hintern musste in Ordnung sein, Mund aufmachen, die Zähne sollten in leidlichem Zustand sein.

„Armmuskeln anspannen", eine kräftige Beule im Muskelbereich der Oberarme war wünschenswert – damit konnte ich dienen. Nun bekam jeder eine Messingmarke mit einer Nummer.

Am nächsten Morgen gellte wieder dieser schrille Pfiff durch den Raum. „Alles aufstehen, anziehen und in den Hof gehen. Die Nummern 1 bis 50 steigen in den Bus nach Dortmund, 51 bis 100 in den Bus nach Duisburg, 101 bis 150 in den nach Oberhausen und der Rest in den Bus nach Bochum!" Ich hatte die Nummer 142 und fuhr, weil irgend jemand es so eingeteilt hatte, nach Oberhausen.

Vor einer zur Kantine umgebauten Baracke hielt der Bus. Wir wurden vom Lagerleiter kurz und knapp begrüßt. Jeder bekam einen Zettel mit den Nummern für Baracke und Wohneinheit in die Hand gedrückt, außerdem wurde uns mitgeteilt, dass alle Neuankömmlinge geschlossen um 15 Uhr zur Zeche Osterfeld gehen und dort alles Erforderliche erledigen müssen, um am nächsten Tag pünktlich anfahren und die Arbeit aufnehmen zu können.

Meine neue Unterkunft bestand aus zwei Räumen, der Küche mit Tisch, vier Stühlen, einem Regal mit zwei zerbeulten Alu-Töpfen, einem Wasserkessel, einigen Tellern und Tassen, sowie etwas Besteck. Eine Kochplatte vervollständigte das Küchenensemble.

Im Schlafraum standen die fünf Feldbetten mit je einem kleinen Holzkasten als Nachtschränkchen und fünf Blechspinde. Das Bettzeug bestand aus einer dünnen Matratze, einer alten Pferdedecke, die barmherzig in einen blauweiß karierten Bezug gesteckt worden war und einem knochenharten Kopfkissen. Waschräume und Toiletten waren in einer gesonderten Baracke untergebracht.

Nachmittags wurden wir zur Zeche geführt. Ohne ein einziges Wort über die Anlage, geschweige denn ein Rundgang über das Gelände, wurden wir vom Betriebsrat in Beschlag genommen. Dort bekamen wir nach Angabe der persönliche Daten zwei Scheine vorgelegt, den Anlegeschein mit einer so genannten Markennummer und die Aufnahmeerklärung für die Gewerkschaft. Beide Dokumente konnten nur als Paar erworben werden.

Am folgenden Morgen versammelten sich die Kumpel an der Hängebank zur Seilfahrt. Der Förderkorb hatte vier Etagen für die Personenseilfahrt, die jeweils Platz für 15 Kumpel boten. Als alle Etagen besetzt waren, setzte sich der Korb nach unten in Bewegung und beschleunigte sehr schnell. Da es noch früh am Morgen war, sagte kein Mensch ein Wort. Für eine erste Seilfahrt war es etwas gespenstisch.

In einem Blindschacht – das ist ein „kleiner Schacht", der im Grubengebäude meist eine Sohle mit der anderen verbindet – fuhren wir in einen Bereich, der zur Kopfstrecke des Strebes (dies ist die Abbaufront) führte.

Das Kohlenflöz hieß Anna und war etwa ein Meter dick. Ein Kohlenhauer, um die dreißig Jahre alt, kam auf mich zu und meinte, ich wäre ihm als zweiter Mann am Knapp zugeteilt worden und solle hinter ihm mit in den Streb kriechen. Das Eingangsloch war kaum zu erkennen und wir konnten nur auf den Knien vorwärts kommen. Unser Weg war verlegt mit Eisenteilen, das waren die Stempel und Kappen für den Ausbau. Links und rechts unseres Weges stand je eine Stempelreihe und neben der rechten Stempelreihe lag ein Strang überlappender Rutschen. Es war sehr mühsam, voran zu kommen. Ich konnte ein Gefühl der Platzangst nur schwer unterdrücken. Meine Handlampe hängte ich mit dem Haken in meinen Gürtel, um eine Hand frei zu haben, mit der anderen musste ich die Schaufel halten. Nach 30 bis 40 Metern waren wir an unserem „Knapp" angekommen.

Dann kam ein Ruf von unterhalb hoch: „Die Rutsche läuft an!" Es passierte aber zunächst nichts, man hörte nur das Zischen von Druckluft, dann wütende und verzweifelte Rufe, danach wilde Flüche und Schläge mit einem dicken Hammer auf Eisen, und ganz langsam, wie von Geisterhand, bewegte sich der Rutschenstrang in eine Richtung und plötzlich wieder in die andere. Dabei hörte ich ein Geräusch, wie es eine anfahrende Lokomotive von sich gibt, das nach einiger Zeit in einen gleichmäßigen Rhythmus überging. Nun sah ich auf dem Fördermittel gelöste Kohle an mir vorbei gleiten. Plötzlich knatterten alle Abbauhämmer los und eine blaue, übelriechende Wolke von Öldunst und Kohlenstaub waberte im Streb hoch. In mir kam eine Erinnerung an das Säubern des Brikettkellers zu Haus in Berlin beim Hausputz hoch. Aber der barsche Ruf meines Hauers ließ keine Zeit für Erinnerungen. „Komm rüber und bring' die Schaufel mit!" Auf der anderen Seite der Rutsche hatte er eine kleine Bucht ausgekohlt, in die ich gerade kniend hineinpasste. Er bearbeitete nun den Kohlenstoß mit dem Abbauhammer, und ich musste dafür sorgen, dass die gelöste Kohle in die Rutsche kam. Nach einiger Zeit hatten wir beide Platz im „Einbruch", und der erste Ausbau zur Absicherung des Hangenden musste eingebracht werden.

Ich kletterte wieder auf die andere Seite und reichte dem Hauer eine Kappe an. Er hängte sie ein, dann gab ich ihm noch einen Stempel an und er setzte ihn unter die Kappe.

So war unser Arbeitsrhythmus festgelegt. Wir machten Meter um Meter. Von der Kraft her hätte ich diese Arbeit stundenlang machen können, aber ich war von der Landwirtschaft weit ausholende Bewegungen gewohnt. Hier holte ich mir zuerst blaue Ellenbogen und die Umstellung dauerte einige Zeit.

Im Juli 1965 wird die Förderung auf der Zeche Helene in Essen eingestellt

September 1966: In Gelsenkirchen schließt die Zeche Graf Bismarck

Mai 1971: Die letzte Schicht auf der Zeche Germania in Dortmund ist verfahren

Juli 1964: Stilllegung des Baufeldes Victoria 1/2 in Lünen

Juni 1979: Einstellung der Förderung auf der Zeche Waltrop

März 1990: In Duisburg wird die Förderanlage Rheinpreußen 5/9 aufgegeben

Bald fragte ich meinen Hauer zaghaft, was man denn hier verdienen könne, denn ein guter Verdienst war ja Sinn und Zweck meiner Untertagetätigkeit. Ich erfuhr, dass ich zunächst als Schlepper, das heißt im Schichtlohn bezahlt würde – 11,98 DM war der Schichtlohn. Er als Hauer hätte einen Schichtlohn von 16,35 DM, da er aber im Gedinge (Akkord) arbeite, käme er auf 22 bis 23 DM pro Schicht. Ein Lehrhauer, die nächste Stufe in der Hierarchie, erhält den Hauerlohn minus 5 Prozent und ein Gedingeschlepper minus 10 Prozent. Gearbeitet wurde zu dieser Zeit noch sechs Tage in der Woche und acht Stunden am Tag. Für mich war nun klar, ich musste so schnell wie möglich Gedingeschlepper werden.

Anfang Dezember ging ich zu meinem zuständigen Fahrsteiger und bat ihn, da ich Gedingearbeit mache, mich auch entsprechend zu bezahlen. Zunächst sah er mich verständnislos an, so ein Anliegen eines Neulings war ihm wohl eher fremd. „Sie bekommen ab morgen andere Arbeit und ich werde sie beobachten lassen!“.

Am nächsten Tag musste ich in einem Streb, knapp ein Meter mächtig, im Versatzfeld Steine schaufeln. Hier war es bedeutend heißer als am Kohlenstoß und die Arbeitsvorgabe war enorm. Jetzt hieß es die Zähne zusammenbeißen und durch. Nachdem ich weitere 14 Tage diese Arbeit gemacht hatte, ging ich wieder zu meinem Fahrsteiger. „Sie werden ab Januar als Gedingeschlepper in eine Streckenauffahrung verlegt. Diese Auffahrung ist sehr wichtig und da müssen Meter kommen!“, gab er mir noch mit auf den Weg.

Ich hatte mir eine „Knochenarbeit“ eingehandelt und wurde einer Kolonne von vier Mann zugeteilt, deren Aufgabe es war, eine Höhe von vier Metern für die Abbaustrecke zu schaffen. Wir fuhren wechselnd um 6, 12, 18 und 24 Uhr an. Die Vorgabe war eine Auffahrung von fünf Metern am Tag „oder Blut am Stempel“, so sagte man damals. Wenn während der Woche etwas schief lief, wurde das sonntags nachgeholt. Der Samstag war nach wie vor normaler Arbeitstag.

Doch der Lohn war entsprechend gut! Und im Herbst 1953 avanciert ich zum Kohlenhauer.

HannesTölle, Selm-Bork

Solidarität oder die Fahrt nach Bonn 1987

Ich bin im finsteren (Gladbeck-)Brauck geboren. In der Pauluskirche bin ich getauft worden. Mein Dank gilt den Lehrern der Schillerschule, dass ich dort den Schliff fürs Leben bekam. Nach meiner Konfirmation und der Aufnahme in die Gemeinde begann ich den Schritt ins Arbeitsleben. Ein einfacher Schritt, der als Schlosserlehrling zur Zeche Graf Moltke führte. Nicht so schwer und schwierig wie es heute die Hauptschüler oder gar die Sonderschüler haben. Nein, der Berufsberater gab

März 1976: Gruppenbild mit dem letzten Förderwagen auf der Zeche Pluto in Wanne-Eickel

mir einen Vorstellungsschein zum Bergwerk, nach dem er nach meinem Berufswunsch gefragt hatte.

Kranführer oder Baggerfahrer wäre ich gerne geworden. Doch ich ging alleine zur Zeche Graf Moltke, stellte mich dort vor, wurde nach der ärztlichen Untersuchung als grubentauglich befunden und als Schlosserlehrling eingestellt. Einfach so, ich war groß und stark.

Mit 16 Jahren durfte ich nach Untertage in die Grube. In eine Untertagewelt einfahren, die mein gesamtes Leben prägte. Anerkennung, Aufrichtigkeit, Gradlinigkeit, Vertrauen zu seinem Kumpel, ohne Verträge zu schließen, sondern nur der Blick ins geschwärzte Gesicht und den Schlag auf die Schulter des Kollegen: Das war Gesetz unserer eingeschworenen Gemeinschaft, Kameradschaft und Solidarität.

Nach abgeschlossener Lehre und meiner Hauerprüfung wurde richtig Geld verdient.

Als unser Bergwerk Zeche Graf Moltke am 12. November 1971 als letzte Gladbecker Schachtanlage die Förderung einstellte, waren unsere Arbeitsgleise durch unsere Mitbestimmungsträger der IGBE und einen Sozialplan schon gestellt. Für über 2.000 Gladbecker Bergleute wurde nun das Nachbar-Bergwerk Hugo in Gelsenkirchen-Buer die neue Arbeitsstätte.

Wir gründeten nun unsere Familie, meine Frau und ich. Es war Liebe auf den zweiten Blick. Eine eigene Wohnung und unsere Tochter machten unser Glück komplett.

Aber zu unserem gemeinsamen Glück kam nun wieder die Bedrohung des neuerlichen Arbeitsplatzverlustes. Am 23. März 1987 meldeten die Zeitungen, dass der Bundeswirtschaftsminister Martin Bangemann das Zechensterben einläuten würde, ohne Sozialverträglichkeit. Die Gerüchteküche brodelte unter der Mannschaft: „Hugo wird als erstes Bergwerk geschlossen." Angst machte sich bei den harten Kumpel auf der Nachtschicht breit. Angst um den Arbeitsplatz, Angst um die Existenz, Angst um um die Familie. Zehn Millionen Tonnen Kokskohlen sollten weniger bei der RAG gefördert werden.

Es war auf dieser Schicht ein bedrücktes Gefühl in unseren Köpfen. Es gab heiße Diskussionen wegen dieser Ungerechtigkeit der regierenden Politiker. Zorn machte sich in unseren Gefühlen breit.

Wir wollten nicht kampflos aufgeben. Unsere Maloche am Hauptantrieb in steiler Lagerung wurde schnell beendet und die Parole „Wir fahren nach Bonn" durch die Sprechanlage des Reviers allen Kollegen, auch dem Steuerstand über Tage, mitgeteilt.

Die Mannschaft fuhr raus.

Über Tage in der Mannschaftskaue waren die Kollegen schon alle informiert. Der Ruf „Auf zum Betriebsrat, zum Direktor" wurde laut.

Der Direktor und der Betriebsratsvorsitzende kamen uns entgegen. Der Direktor hielt vor seiner anwesenden

Heute endet Essens Kohlen-Geschichte

Auf „Zollverein“ wird jetzt nur noch Wasser gefördert

Die Zeche war einst der Stolz des Bergbaus

Wenn heute, einen Tag vor Heiligabend, um 13 Uhr die letzte Kohlenschicht des Schachtes 3/10 von „Zollverein“ in Essen-Katernberg ausfährt, geht eine über 140 Jahre lange Kohlen-Geschichte der Stadt Essen zu Ende. Die letzte Zeche der ehemals größten Steinkohlenstadt des Kontinents beendet heute die Förderung, wird am letzten Tag des Jahres schließen und ab Mitte des nächsten Jahres nur noch Wasser von drei stillgelegten Zechen fördern. Allein der Stolz des Ruhrbergbaus, das elegante Stahlgerüst von Schacht 12, soll künftig vom Essener Bergbau künden.

Das Ende des Bergbaus in Essen begann 1958 mit den ersten Feierschichten. 1957 waren auf 40 Schachtanlagen von 22 Zechengesellschaften noch 53 126 Bergleute beschäftigt, ein Jahr später waren es nur noch 50 000, jetzt, am Ende, sind es 1500.

„Christian Levin“ war die erste Essener Zeche, die 1960 stillgelegt wurde.

Im Schatten der Zentrale der Ruhrkohle AG am Essener Hauptbahnhof machte eine Zeche nach der anderen dicht: „Friedrich Ernestine“, „Emil“, „Langenbrahm“, „Amalie“, „Carl Funke“, „Pörtingsiepen“ ...

1957 machten auf allen Ruhrkohle-Schachtanlagen 600 000 Kumpel Kohle, heute sind es noch 160 000 Beschäftigte auf 22 Zechen – die 1200 verbleibenden „Zollvereiner“ mitgezählt. Von der vor drei Jahren 5200 Mann zählenden Belegschaft sind zur Stillegung knapp 1500 übriggeblieben. 1200 von ihnen werden auf umliegende Zechen verteilt – „Prosper“ in Bottrop, „Ewald“ und „Hugo“ in Dorsten beispielsweise oder „Nordstern“ in Gelsenkirchen-Horst.

Mit „Nordstern“ arbeitete „Zollverein“ seit drei Jahren im Verbund. Mitte der 70er Jahre war die Wattenscheider Zeche „Holland“ mit „Zollverein“ zum Verbundbergwerk zusammengelegt worden, bis auch „Holland“ stillgelegt wurde.

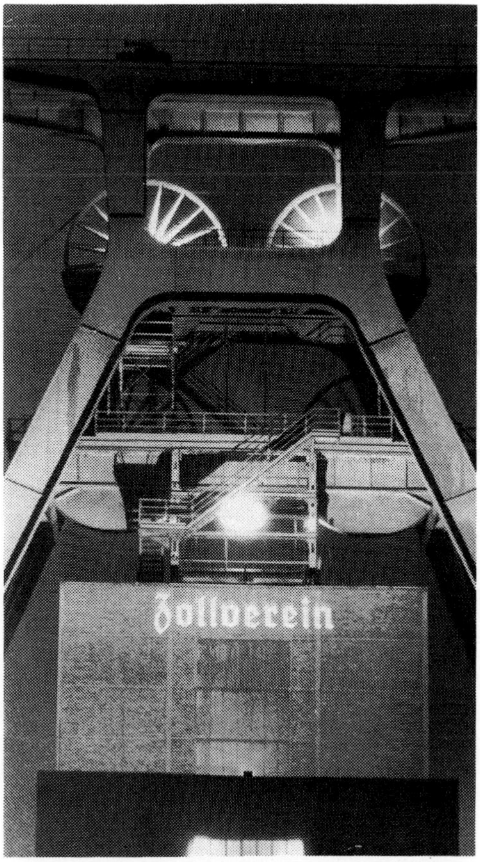

DAS ELEGANTE SCHACHTGERÜST, vom Architekten Schupp geplant, wurde nach seinem Bau in den 30er Jahren von aller Welt bestaunt. waz-Bild: Udo Milbret

Kurz vor Weihnachten 1986 war auch beim heutigen UNESCO-Welterbe Zollverein und damit für den Bergbau in Essen insgesamt das Förderende erreicht

Belegschaft eine beeindruckende Rede, unser Bergwerk sollte tatsächlich geschlossen werden. Aber nicht kampflos. So wurde schnell beschlossen: Wir fahren nach Bonn und wollen den Bundeskanzler Helmut Kohl sprechen.

Und wir fuhren nach Bonn, in unsere damalige Hauptstadt. Nun saßen wir mit sieben Mann im VW-Bus und hörten schon in den Radionachrichten von unserer Reise in die Bundeshauptstadt. Wir fuhren mit unseren rostigen Bus

Eine Delegation von Bergleuten der Zeche Hugo in Gelsenkirchen-Buer vor dem Bundeskanzleramt in Bonn, 1987

direkt durch die Bannmeile, an den Eingang des Bundeskanzleramtes.

Verdutzt umringten uns die Männer des Bundesgrenzschutzes. „Wer seid ihr? Was wollt ihr?" „Wir sind die Vorhut von fünftausend Bergleuten aus Gelsenkirchen und wir wollen unseren Bundeskanzler sprechen." „Macht dass ihr weg kommt, wir haben Staatsbesuch vom Präsidenten Jugoslawiens."

Viele Fotografen wurden auf uns aufmerksam und kamen angerannt. Ich hielt eine Rede vor dem Kanzleramt. Man wollte mich wegziehen, aber ich sprach über den Artikel 1 unseres Grundgesetzes. Über unsere Würde und den Schutz unseres Staates, über Hoffnungslosigkeit und unsere Ängste, als Menschen arbeitslos und ohne Anerkennung zu leben. Es war still um uns herum. Wir wurden angesprochen, und man bat uns zu einem Gespräch ins Kanzleramt. Geschafft, ohne verhaftet zu werden.

Wir sieben zogen an dem Wachbataillon vorbei, in unserer Arbeitskleidung mit Lampe, Filter, Kaffeepulle und Arschleder, in voller Montur. Es war ein mulmiges Gefühl. Im Kanzleramt wurden wir von Staatssekretären und Ministerialdirigenten empfangen. Nach zwei Stunden Diskussion und vielen menschlichen Argumenten konnten wir als Kumpel und Arbeitnehmer die anwesenden Politiker überzeugen, ihre Politik zu überdenken.

Danach fuhren wir wieder zurück nach Gelsenkirchen-Buer, zu unserem Bergwerk. Alle Kirchenglocken läuteten in Gelsenkirchen, die gesamte Belegschaft war anwesend. Aus allen Kirchengemeinden, aus den Kolonien waren die Familien zu uns gekommen. Eine Macht der Solidarität für Menschlichkeit und Hoffnung.

1993 solidarisierte sich wieder die evangelische Kirche während unseres Arbeitskampfes mit uns Bergleuten. 33 Tage besetzen wir die Kirche und bekamen Kirchenasyl. Unsere Feuer der Mahnwache brannten Tag und Nacht. Täglich feierten wir mit der Gemeinde unsere Gottesdienste. Es war unsere gemeinsame Kirche, die „Kirche der Solidarität".

Glückauf!

Walter Hüßhoff, Gladbeck

In der Kolonie

Alle Kaninchen im Stall

Mein Jahrgang ist 1944, und ich kann mich an viele schöne Dinge von damals erinnern, wie es in der „Bergmann-Familie" war! Mein Vater war auf Zeche, mein Bruder, mein Opa und alle Verwandten! Vater sowie Opa auf Zeche Osterfeld, mein Bruder auf Zeche Jakobi, und die Verwandten auf Zeche Sterkrade. Wir hatten zu Hause Kaninchen aller Sorten in verschiedenen Ställen untergebracht. Ich hatte immer Spaß, wenn die sauber gemacht werden mussten und dazu musste ich immer „Kettensalat" pflücken! Nach den Hausaufgaben tat ich es gerne!

In unserem Haus wohnten alle zusammen, Oma, Opa, Papa, Mama und Geschwister. Es war ein Familienleben mit viel Harmonie, einer half dem anderen. Wenn Opa und Papa Nachtschicht hatten, musste man immer leise sein, denn vorher wurde sich schlafen gelegt. Im Anbau war die Waschküche und wenn Mutti „Waschtag" hatte, war sie abends immer fix und fertig. Ebenfalls im Anbau war die Toilette, im Winter war das nicht angenehm.

Wir bekamen durch die Zeche auch Kohlen, und das war eine Menge. Wenn Vater und Opa von der Zeche kamen, haben sie sich am Mittagessen gestärkt, und dann ging's los, Kohle einschleppen durch's Kellerloch, und so wurde für den Winter gesorgt. Die Männer wussten, was sie getan hatten. Bei uns gab es immer „Gemüse durcheinander", wir hatten alles im Garten: Spinat, Melde, Möhren, Rhabarber und Obstbäume. Mutter hat immer für die Männer Speck und Zwiebeln ausgelassen und dann über's Gemüse, wenn's hoch kam, ein Mettwürstchen dabei. Sie brauchten ja Kraft für ihre Arbeit auf der Zeche.

Am Wochenende traf man sich, mal bei dem einen, mal bei dem anderen. Es ging lustig zu. Wenn's bei uns war, hatte Oma immer eine große Schüssel Kartoffelsalat gemacht mit einem Würstchen und selbst eingelegten Gurken. Zu trinken gab es „Fandango" oder „Insel Samos", Rotwein war ja billig. Oder einer hatte Geburtstag, da gab es „Danziger Goldwasser", und die eingelegten Salzheringe durften nicht fehlen, die ich noch als Kind mitgeholfen habe sauber zu machen. Auf jeden Fall waren alle Bergleute puppenlustig, es wurde gescherbelt durch alle Räume. René Carol, Rudi Schuricke, Bruce Low, Lys Assia, Margot Eskens: Diese Scheiben wurden aufgelegt und es wurde gesungen, bis die Tapeten sich von der Wand gerollt haben. Mit ein paar „Kröten" hatte man sich einen schönen Abend gemacht. Und wenn man morgens nach Hause kam: Anzug aus, Klamotten angezogen und ab zur Arbeit unter Tage eingefahren. Die über Tage waren, hatten es etwas besser.

Es waren auch traurige Sachen dabei. Ein Nachbarsjunge, 20 Jahre alt, verunglückte tödlich unter Tage, das war schlimm. Am Grab spielte die Bergmanns-Kapelle „Ich hatte einen Kameraden, einen bessren findest du nicht …" Opa erzählte damals immer, wie noch

Feierabend und Gartenlust unweit der Zeche Jacobi, Oberhausen

die Pferde unter Tage mit mussten und nach Jahren, wenn die wieder hoch kamen, blind und geschwächt waren.

Ja, die Bergmannsfamilie hatte Tradition und wurde gepflegt. Zusammenhalt, Frieden, und jeder war für den anderen da. Eine schöne heile Welt. Ein Nachbarsjunge aß immer gerne die Endstücke oder den Anfang vom Brot, also „Knäppken". Da kam er immer und fragte, ob meine Mutter ein paar „Knäppkes" für ihn hatte, sie verwahrte die immer und gab sie ihm, und er hatte Spaß. Trotz der harten Arbeit, die die Bergmannsfrauen leisten mussten, waren sie glücklich und zufrieden. Wenn sie mal nicht im Garten zu tun hatten und kein Waschtag war, wurde sich hingesetzt in froher Runde und gestrickt, sehr viele Sachen für die Männer, die ja warme Füße haben mussten, oder Pullover oder Strickwesten für Klein und Groß. Also, ich kann nur sagen, dass ich eine schöne Kindheit hatte, ich erinnere mich gerne.

Damals hieß es, wenn ein Junge aus der Schule entlassen wurde: Jung, fang ob de Zeche an, da hast du alles!

Gisela Angenendt, Oberhausen

Vater baute die Betten

Mein Vater, 1900 geboren als siebtes Kind eines masurischen Bauern, kam 1920 nach Essen, um hier Arbeit zu finden, Geld zu verdienen und später eine Familie zu gründen. Er hat viele Jahre bei Krupp gearbeitet und wechselte 1946 von der durch Kriegsbomben zerstörten Kruppschen Fabrik zur Zeche Victoria Mathias. Vater war gelernter Zimmermann, und man konnte ihn gut gebrauchen. Natürlich war der Arbeitswechsel auch verlockend, denn es gab Schwerarbeiterzulagen, Deputat an Kohlen, Bezugsscheine für Arbeitsschuhe, Fahrradschläuche und vieles mehr. Meine Mutter ging damit auf Hamsterfahrt.

Meine Eltern waren in der Grillostraße, nahe der Kruppschen Fabrik, total ausgebombt. Sie bewohnten danach ein Zimmer in einem Einfamilienhaus (in Altstadtnähe) in der 1. Etage. Das WC im Erdgeschoss konnte mitbenutzt werden. Mein Vater baute zwei Betten, Matratzen bekamen sie über Bezugsscheine. Ich schlief zwischen meinen Eltern. Auch einen stabilen Ausziehtisch baute er, der meine Eltern ihr Leben lang begleitete. Gebadet wurde in diesem Wohnraum in einer kleinen Wanne, und das Wasser wurde zum Einweichen der Wäsche benutzt, die dann in einem großen Topf auf dem Kohleofen gekocht wurde. Auf dem Hof hatte mein Vater Ställe gebaut, in denen er Kaninchen hielt, die Nachbarn taten es ihm gleich. Es wurde sogar Nachtwache gehalten, nachdem einige Hasen den Besitzer wechselten. Einen Schrebergarten hatten wir auch, und es ging uns eigentlich ganz gut.

Mein Vater fuhr mit dem Fahrrad zur Zeche, das Rad war seinerzeit das Auto-

Zechenkolonie Ulrichstraße, Gelsenkirchen (Zeichnung: Wolfgang Schlott)

mobil des kleinen Mannes. Die zecheneigenen Handwerker bauten und reparierten die von Bomben beschädigten Häuser und Wohnungen wieder auf. Es war eine schwere Arbeit – aber es sollte ja wieder aufwärts gehen.

An große Maikundgebungen auf dem Burgplatz kann ich mich gut erinnern. Von Stoppenberg und Frillendorf kamen die Bergleute in ihrer Knappenkluft mit Musikkapellen zu Fuß zur Stadt. Mein Vater marschierte mit; er sah in seinem Sonntagsanzug und Hut ganz feierlich aus. Ich habe ihn oft begleitet.

Erst 1949 zogen wir in eine größere Zechenwohnung, d.h. Wohnküche, Schlafzimmer, Diele und WC. Gebadet wurde wieder jeden Samstag in der Wohnung und in späteren Jahren in der Waschküche in einer Volksbadewanne.

Ihren großen Waschtag hatte meine Mutter alle vier Wochen in der Waschküche. Ein eingebauter großer Waschbottich wurde mit Wasser gefüllt, ordentlich die untere Feuerstelle angefeuert und die Wäsche nach einiger Zeit kräftig mit einem hölzernen Knüppel gestampft. Dann wurden die heißen, dampfenden Wäschestücke durch den

Der „Taubenvater", Sinnbild der Freizeitbeschäftigung des Bergmanns (Zeichnung: Wolfgang Schlott)

Wringer bewegt, gespült und wieder durch den Wringer bewegt, aufhängen – fertig. Hartnäckige Flecken oder Vaters Arbeitskleidung wurden auf dem Waschbrett bearbeitet.

Wie gut geht es uns Frauen doch heute!

Gerda Bonner, Essen

Der endlose Strom

An unserem Haus vorbei führte die Straße zur Zeche Lothringen in Bochum-Hiltrop. Ich erinnere mich, dass früher (ob schon vor dem Krieg oder später, weiß ich nicht mehr genau), ob im Winter oder Sommer, bei Regen oder Hitze drei Mal am Tag eine lange Reihe Männer von Bochum-Harpen die Straße nach Hiltrop hinabzog zur Zeche Lothringen, ob früh morgens, gegen Mittag oder abends, jeweils zur Frühschicht, Mittagsschicht oder Nachtschicht, pünktlich, man konnte die Uhr danach stellen.

Die Männer trugen ihre Trinkflasche und ihre Dose mit Broten in der Hand oder in einer Tasche. Die Haustüren öffneten sich und der Familienvater oder der Sohn reihten sich in die lange

Reihe ein. Manche grüßten mit Glückauf. So wurde es, je näher sie der Zeche kamen, eine immer breitere Reihe. Zu dritt, viert oder zu mehreren gingen die Männer nebeneinander, sie redeten nicht viel, lachten nicht und machten auch keine Scherze. Es waren ernste Gesichter in Alltagskleidung. Ab und zu fuhr sogar ein Fahrradfahrer an der Reihe entlang, was zu der Zeit schon sehr fortschrittlich war. Selten kam noch ein Nachzügler. Ungefähr eine Stunde später wälzte sich die gleiche Schlange die Straße hinauf. Wieder ruhig und müde. Dann war Schichtwechsel gewesen. Fast vor jeder Haustür trennte sich ein Mann von der Reihe, grüßte und ging ins Haus. Waren die Männer – unsere Straße war etwas ansteigend – nicht mehr zu sehen, war die Straße wieder still und ruhig.

Später änderte sich das Bild. Die Bergleute wurden Soldaten und weniger. Wir wurden evakuiert, aber die Bewegung auf der Straße gab es nicht mehr.

Heute gibt es die Zeche Lothringen nicht mehr.

Elfriede Glaefke, Recklinghausen

Auf der Holthauser Straße

Meine Jugendzeit spielte sich hauptsächlich zwischen den fünf Koloniehäusern, der Straße und den Gärten zur Zeche Hugo 1/4 ab.

Beliebte Spiele waren das „Pinnchen Kloppen“, Verstecken-Spielen, Schlagball und Brennball. Da die Straße damals noch uns gehörte (Autos gab es so gut wie gar keine), war natürlich Fußball-Pöhlen (Spielen) das Spiel Nr. 1. In Ermangelung eines richtigen Balles (bei Kriegsende und bis zur Währungsreform gab's ja nichts), wurde mit allem gespielt, was irgendwie nach einer Kugel aussah und rollte. So wurden große Lappen zusammengenäht oder gehäkelt und diese dann mit Lumpen oder Sägemehl gefüllt, die natürlich während des Spiels auch schon mal geflickt werden mussten. Da auch keine Fußballschuhe vorhanden waren, wurde mit Klotschen (Holzschuhen) gespielt, die dann auch schon mal zu Bruch gingen oder beim Lösen vom Fuß in einer Scheibe landeten. Danach gab's in der Regel zu Hause Dresche mit der siebenschwänzigen Klopp-Peitsche.

Im Sommer spielten wir auch gerne Indianer. Die Kleidung wurde aus Kartoffelsäcken selbst genäht und mit bunten Wollfäden verziert. Als Haube diente ein Streifen Wellpappe mit Hühnerfedern, der Häuptling durfte auch Putenfedern tragen. Lieferanten dieser Schmuckstücke gackerten ja genug in den Hühnerställen. Die Verpflegung der „stolzen“ Indianer wurde auf Schleichwegen in den Gärten in Form von Obst, Möhren und Kohlstrünken erbeutet. Als Waffen hatten wir außer Pfeil und Bogen die „Flunscher“. Holunderäste wurden ausgehöhlt, ein passender Kolben geschnitzt und dann das Rohr mit Eicheln geladen und somit geschossen.

Auch konnte das Rohr als Blasrohr für Holunderbeeren benutzt werden, das ergab dann herrliche blaue Flecken auf der Kleidung. Auf großen Streifzügen, z. B. zum Bauern Öckentorp, wurden auch Birnen und Runkeln erbeutet.

Mit den ausgehöhlten Runkelmasken konnte man im Dunkeln so schön die Nachbarn und kleine Kinder erschrecken. Oder aber, wir bauten „Telephone", d.h. Gummis vom Schnappverschluss einer Bierflasche, die mit einer größeren Holzschraube und einem langen Bindfaden versehen wurden. Der Dichtgummi wurde an der Fensterscheibe festgesaugt und durch Ziehen und Lockern des Fadens klopfte die Schraube auf die Scheibe. Zur Vorsicht wurde vorher ein Holzpinn unter die Haustürklinke gestellt, so dass wir vor Verfolgung sicher waren.

Jeden Sommer in den großen Ferien gab's ein Straßen-Schützenfest. Gefeiert wurde in irgendeiner Gasse. Bunt gekleidet mit Krepp-Papier und Girlanden zogen wir mit Gesang durch die Straße und rollten den Bollerkarren mit dem Schützen-Königspaar hinter uns her. Die Eltern verwöhnten uns mit Kuchen und Fanta, für die Väter wurde von Pöppinghaus (Gaststätte) in Steinkrügen Bier geholt, wobei der Inhalt infolge Probierens unterwegs nicht mehr die Ursprungsmenge hatte.

Gern tummelten wir uns auch in Rotherms Pferdestall auf dem Kristensweg herum, durften wir doch schon mal auf den Grubenpferden reiten, die dort gepflegt wurden. Auch der Opa Uben ließ uns schon mal reiten auf dem Pferd, das seine Holzkarre zog.

Natürlich musste auch schon was fürs Haus getan werden, hatten wir doch einen großen Garten und ein Schwein im Stall. Jeder „Perdsminna-Köttel" (Pferdeapfel) wurde vom Vater auf dem Heimweg von Hugo 2/5 erspäht, der musste dann gesammelt werden und kam dann auf den hauseigenen Misthaufen zur Veredelung des Schweinemistes. Einmal in der Woche musste ich im Sonntagsanzug und einer großen Tasche zum Betriebsführer Zölzer Kartoffelschalen fürs Schwein abholen. Dabei gab's schon mal nen Groschen, der dann gleich bei Wacherbeck für Klümpkes (Bonbons) oder Hustekuchen umgesetzt wurde. Hustekuchen war beliebt zum „Schäumken-Ziehen". Durch Auflösen in einer Flasche und Schockeln entstand Schaum, der dann aufgesogen wurde. Zur Nachmittagszeit, wenn uns der Hunger plagte, gab's „Kniffte mit Kraut" (Butterbrot mit Rübenkraut).

Die Beamtenkinder (Kinder von Steigern und Angestellten) von der Westfalenstraße durften von Haus aus nicht immer mit uns Arbeiterkindern spielen, sie wurden ja auch besser gekleidet und gingen zur höheren Schule. Dafür blühte in den Gärten der Steigerstraße (Westfalenstraße) der schönste Flieder, der zum Muttertag (in Maßen) eine willkommene Beute war.

Da unsere Väter infolge Rauchwarenmangels in den Gärten Tabak anpflanz-

In der Holthauserstraße an der Zeche Hugo 1/4, Gelsenkirchen-Buer

Bergmannssiedlung der Zechengruppe Robert Müser in Bochum-Werne, 1950er-Jahre

Freizeitgestaltung des Bergmanns in den fünfziger Jahren, ob beim Spaziergang mit der Familie, auf dem Motorrad oder auf der Kirmes

Die Nähe zur Schachtanlage war beherrschend für den gesamten Alltag, ob in Dortmund-Derne an der Zeche Gneisenau (Bild oben) oder in Essen-Katernberg an der Zeche Zollverein

ten, waren auch wir Kinder Nutznießer dieser Blätter. In Aulichs Bude wurde heimlich gequalmt (verfeinert mit Huflattichblättern). Oft ging diese Qualmerei im wahrsten Sinn des Wortes „in die Hose“! Zu Silvester wurde natürlich geknallt mit leeren Farbdosen oder Marmeladeneimern, indem man Karbid zum Gasen und zur Explosion brachte.

In den Nachkriegsjahren, als unsere Eltern alles Mögliche erfanden, um uns zu sättigen, sammelten wir Ähren auf den Bauernfeldern. Die besten waren natürlich noch am Halm, doch musste man vorsichtig sein, da die Bauern mit dem Hund die Felder kontrollierten. Wir hatten aber etliche Ablenkungsmanöver parat. Die Körner wurden anschließend gemahlen mit der Kaffeemühle und ein Teil der Körner zu Kaffee gebrannt (Muckefuck). Der Kaffeeprütt diente anschließend noch zur Beigabe in den Kuchen, den so genannten „Kaffeekuchen“.

Natürlich durfte ab und zu eine Keilerei mit der Ostfalika (Ostfalenstraße) nicht fehlen. Man durfte sich nur nicht fangen lassen, sonst war man in irgendeinem Hühnerstall für mehrere Stunden sehr alleine oder wurde verhöhnt und nassgespritzt.

In der Sommerhitze badeten wir in den Bombentrichtern auf Öckentorps Wiese. Ich lernte dort z. B. Schwimmen (Hundepaddeln). Trotz dieser kargen Zeit haben wir als Kind doch das Beste daraus gemacht.

Helmut Kersting, Gelsenkirchen

In der Tränen-Kolonie

Genau einen Tag nach der Währungsreform am 20. Juni 1948 habe ich die Arbeit auf der Zeche Constantin der Große 4/5 in Herne aufgenommen. Ich gehörte zu den Neuankömmlingen aus vielen Regionen der damaligen drei westlichen Besatzungszonen und war gerade mal 20 Jahre jung. Wir wurden als Lehrhauer eingestellt und für die ersten drei Monate in einem 80 Zentimeter hohen Lehrstreb von erfahrenen Hauern angelernt. Unterkunft für uns war ein Heim für Berglehrlinge, wir gaben ihm den Spitznamen „Bullenkloster“ – zutreffender Kohlenpott-Sprachschatz, rau aber herzlich!

Ich erinnere mich noch daran, dass der damalige Durchschnittslohn eines Hauers 11,59 DM neuer Währung für eine ganze Schicht betrug. Unsere Ausbilder, auch „Meisterhauer“ genannt, obwohl sie keine Meister waren, bekamen wohl eine Mark pro Schicht mehr, was ja auch richtig war, für die ungelenken Neubergleute hatten sie die Verantwortung zu tragen. Um schnell aus dem Bullenkloster heraus zu kommen, habe ich mit 21 Jahren geheiratet und hatte das Glück, schon Ende des Jahres 1950 eine Neubauwohnung zu beziehen, 45 Quadratmeter groß, 36 DM Miete. Das hört sich ganz gut an, ich war aber immer noch Lehrhauer mit fünf Prozent Abzug vom Hauerlohn. Die Hauerprüfung habe ich 1952, also nach vier Bergbaujahren abgelegt.

Die neue Wohnung musste ja nun auch eingerichtet werden, ein Kohleherd kostete einen ganzen Monatslohn, ein gutes Radio ebensoviel (Fernsehen gab es ja noch nicht), weitere Möbel, Gardinen und Wäsche fielen auch nicht vom Himmel. Also: Bei den Althausbewohnern im Umfeld war der Name für die neue Siedlung schnell gefunden: „Tränen-Kolonie"!

Ursprünglich wollte ich ja höchstens fünf Jahre Bergmann sein, es wurden aber 30 Jahre. Von denen habe ich je zur Hälfte am Kohlenstoß gestanden oder im Streckenvortrieb gearbeitet. Ein Grund, dass es eben mehr Jahre geworden sind, ist wohl auch die Tatsache, dass die Kameradschaft der Kumpel unter Tage als etwas Einmaliges bezeichnet werden musste, die schwere Silikose, an der ich leider leide, bezeichne ich als Bergmanns-Schicksal!

Harry Klein, Castrop-Rauxel

Das Fahrrad wird gebadet

Mutter, Bruder und ich lebten bei den Großeltern (Opa war auf Zeche Consol, Gelsenkirchen). Drei Zimmer ohne Bad. Mutter und ich schliefen in einem Bett. Dieses stand in einem Zimmer mit einer Vorratskammer, worin Opa Kaninchen züchtete und Oma Wäsche aufhängte.

Samstags war Badetag. Da wurden in der Küche, auf den Beslatum-Teppich, Holzlatten gelegt. Darauf kam die Zinkbadewanne, die sonst in der Toilette an der Wand hing. Einer nach dem anderen wurde abgeschrubbt. Zwischendurch wurde etwas Seifenwasser abgeschöpft und mit neuem heißem Wasser wieder aufgefüllt, aus dem großen Waschkessel, der auf dem Kohleherd stand.

Nachdem alle vor Sauberkeit strahlten, kam Opas Fahrrad in die Badewanne. Wir zwei Enkel mussten es putzen, bis es glänzte (es sah immer aus wie gestern gekauft). Mein Bruder und ich bekamen je zehn Pfennig, die wir beim sonntäglichen Spaziergang (Gelsenkirchener Stadtgarten) sofort für Eis auf den Kopf gehauen haben.

Es gibt noch sehr viele Erinnerungen. Hoffentlich kommt diese Zeit nie wieder.

Ursula Krüger, Gelsenkirchen

Mutters blau gefrorene Hände

1949 wurde ich in einer Bergmannssiedlung in Bottrop (Zeche Rheinbaben) geboren. Es gab wenig Geld und unsere Eltern hatten es schwer. Für meinen Vater gab es keinen Feierabend, wenn die „Schicht" um war. Er musste für Gemüse und Obst im Garten sorgen, damit wir über die Runden kamen.

Es gab ein Plumpsklo, man musste bei Wind und Wetter nach draußen. Im Dunkeln nicht gerade schön, weil auch Hühner, Kaninchen und Schweine darin Geräusche machten. Im Keller gab es immer große Wäsche, das hieß für meine Mutter: vom kochenden Wasser

Gartenarbeit und Wäschetrocknen in unmittelbarer Nähe zu Zechenbetrieben: Aufnahmen aus Bochum-Weitmar mit der Zeche Prinz Regent (Bild oben) und Gelsenkirchen-Buer mit der Zeche Wilhelmine Victoria

Fördertürme waren raumprägend und identitätsstiftende Mittelpunkte ganzer Stadtteile, wie hier in Dortmund-Eving der Hammerkopfturm der Zeche Minister Stein

ausgelaugte und vom kalten Spülwasser blau gefrorene Hände. Heute undenkbar.

Wir hatten nicht viel, aber eine glückliche Kindheit, und aus uns ist auch etwas geworden. Mein langjähriger und bester Spielkamerad wurde später noch Oberbürgermeister.

Marlies Meier, Bottrop

Nur im Winter gingen wir ins Badehaus

Wir wohnten in einer Zechensiedlung direkt oberhalb des Baldeneysees in Essen-Heisingen. Wir teilten uns mit zwei Erwachsenen und zwei Kindern 54 Quadratmeter ohne Bad und Toilette.

Eine Zinkwanne befand sich in der Waschküche. Eine Toilette im Stall hinter dem Haus – ein Toilettentopf ohne Spülung. Für das kleine Geschäft, tags und nachts, befand sich im Kinderzimmer ein großer gusseiserner Eimer mit Deckel. In meiner Erinnerung haben nur meine Mutter, meine Schwester und ich diesen benutzt. Seine Entleerung fand im Stall statt, und damit man nicht alleine über einen großen dunklen Hof gehen musste, tat meine Mutter sich täglich mit unserer Nachbarin zusammen.

Rückblickend war es sehr ekelig. Wie ich es in der Realität empfand, das weiß ich nicht mehr. Ist vielleicht auch besser so. Eine Toilette – kein Bad! – bekamen wir erst Anfang der 70er-Jahre.

Gebadet wurde einmal die Woche. Das Wasser wurde im Wäschebottich erhitzt und mit einem Eimer in die Wanne geschleppt. Die Wanne hatte keinen Ablauf und so wurde sie durch das Umkippen entleert. Die Haare wurden kurzerhand mit einem großen Henkeltopf abgespült. Da gab es so manche Tränen und Geschrei. Oft kam es vor, dass die Mutter in das gleiche Badewasser stieg. Der Vater duschte täglich in der Kaue.

An sehr kalten Wintertagen bekamen wir 50 Pfennig und durften in das örtliche Badehaus gehen. Eine Besonderheit war es, wenn wir noch Geld für eine Badebrausetablette hatten. Das duftete und sprudelte so schön.

Jutta Rekus, Hattingen

Im Ruhrgebiet wächst kein Obst

Bei Nacht und Nebel, Mitte Dezember 1955 kam ich im Ruhrgebiet an. Für eine Tonne Kohle hatte ein Bekannter meine Habseligkeiten (Aussteuer) hier hergebracht. Wir kamen aus der Weinstadt Wierloch/Heidelberg. Um damals eine Wohnung zu bekommen, musste man verheiratet sein. Mein Mann war ja schon zwei Jahre eher hier. Wir bekamen eine Zweieinhalb-Zimmer-Neubauwohnung. Ein echter Komfort damals. Ein Jahr später besuchte mein Mann die Bergvorschule, danach die Bergschule Bochum. Nach Beendigung der Schulzeit bekam er sofort eine Anstellung.

Zwei Symbolbilder aus Oberhausen (Zeche Concordia): Bergwerke versprachen wirtschaftliche Sicherheit, verursachten aber auch starke Staub- und Geruchsbelästigungen

Damals hatte man ja noch Kohleheizung. Das hieß: 20 Zentner Kohle einschippen und Holz selbst hacken. Die Eingewöhnungszeit fiel mir sehr schwer, zumal ich früher in der Schule lernte, dass im Ruhrgebiet weder Obst noch Gemüse wächst. Ich staunte nicht schlecht, als ich nach ein paar Tagen die vielen Schrebergärten sah. Trotz der riesigen Kokshalden, die man sah, wenn man aus dem Fenster schaute. Allzu lange durfte man nicht lüften, sonst hatte man die Wohnung voll von Staub und Ruß.

Heute kann ich verstehen, dass die Küche des Ruhrgebiets meist aus Eintopf bestand. Mussten doch die Hausfrauen die meiste Zeit mit Waschen und Putzen zubringen, was ich nicht gewohnt war. Auch die Schichtarbeit morgens, mittags, nachts war mir fremd. Ich habe noch eine Explosion auf Zeche Hannover erlebt, da wackelten die Tassen im Schrank.

Trotz der 40 Jahre Bergbauarbeit (als Reviersteiger), mein Mann war einmal leicht verschüttet und hatte zwei Beinbrüche, blieb er von schweren Unfällen verschont. In den 1970er-Jahren durften wir als Frauen nach Genehmigung einmal unter Tage einfahren. Die Dunkelheit und die Unebenheit unter Tage hatten uns das Gehen schwierig gemacht, von der zu leistenden Arbeit abgesehen.

Ich schwor mir damals, lieber bei der Müllabfuhr zu arbeiten als drei Tage im Bergbau. Mit 63 Jahren (1995) hatten wir einen Verkehrsunfall (Überquerung an der Fußgängerampel Dorstener Straße bei „Grün"), der für meinen Mann tödlich verlief. So etwas nennt man Schicksal!

Elisabeth Weis, Herne

Vater besohlte unsere Schuhe

Meine Großeltern väterlicherseits kamen als sehr junge Menschen aus Neidenburg, dem südlichen Ostpreußen, ins Ruhrgebiet. Dieser Großvater verdiente als Bergmann sein Brot. Mein Vater wurde im Juni 1900 in Oespel geboren, wurde Bergmann und arbeitete als gelernter Hauer auf Zeche Oespel. Meine Großeltern erstanden ein Vier-familienhaus – auf jeder Etage eine Wohnung mit Korridortür aus Eiche – im Westen Dortmunds. Hier wurde ich geboren und lebte dort bis 1990. Meine Mutter wurde im Kreis Schubin/Westpreußen geboren. Zwei Brüder von ihr arbeiteten ebenfalls unter Tage.

Mein Vater fuhr mit dem Fahrrad zur Zeche Oespel (Schichtwechsel: Morgen-, Mittag-, Nachtschicht). Mutter legte sich bei Mittagsschicht des Abends nicht frühzeitig zur Ruhe. Auf die Heimkehr des Vaters hat sie stets gewartet. 1938 bekam Vater seinen Führerschein Klasse eins und besaß für geraume Zeit ein Motorrad.

Zu dem Haus gehörten Stallungen: Kaninchen im Stall. Vater schlachtete sie, der Braten schmeckte. Nicht weit

Ordnungs-Nr. 618 / 18 / 72

Mietvertrag für Werksangehörige

Zwischen der **Steinkohlenbergwerke Mathias Stinnes AG.**

nachstehend kurz „Vermieterin" genannt, einerseits,

und Herrn Hermann L e m p e r t

Hauer andererseits,

nachstehend kurz „Mieter" genannt, wird als Bestandteil des abgeschlossenen Arbeits-~~Dienst~~vertrages vereinbart:

Die Vermieterin überläßt dem Mieter ab 1. Juli 1957 für die Dauer seines Arbeits- ~~bzw. Dienst~~verhältnisses mit ihr

in dem Hause Gladbeck, Schleusenstr. 18 (36)

eine Wohnung, bestehend aus

2 ~~Raum~~/Räumen im Erdgeschoß nebst – Badezimmer

– Raum/Räumen im I. Obergeschoß – Vorratsraum, Speiseschrank

– Raum/Räumen im II. Obergeschoß – Besenschrank

– Raum/Räumen im III. Obergeschoß 1 Keller

– Raum/Räumen im IV. Obergeschoß 1 Stall

2 ~~Raum~~/Räumen im Dachgeschoß u. Gartenland

– Raum/Räumen im Anbau Waschküche, } ~~zur gemeinsamen~~

– Küche, Kochküche, Kochnische Trockenboden } ~~Benutzung~~

als Werks-~~Dienst~~wohnung.

Zustand der Wohnung: gut

Inventar der Wohnung: Siehe Verzeichnis Seite 10.

1

Die Unterbringung der Bergarbeiter und ihrer Familien geschah zumeist in so genannten „Bergarbeiterkolonien" um die Schachtanlage herum, das Dokument verweist auf die Stinnes-Siedlung in der Schleusenstraße in Gladbeck-Brauck

vom Haus hatten wir Pachtland. Jegliche Art von Gemüse, Stachelbeersträucher, Erdbeeren, Tomaten bauten wir an. Wir Kinder halfen. Mutter war stolz auf ihre gefüllten Einmachgläser im Keller. Als der Ruhrschnellweg ausgebaut wurde, verloren wir das Pachtland.

Eine Tante war Schneiderin; Mutter lernte von ihr das Zuschneiden und Nähen auf der Nähmaschine; eine weitere Tante war Stickerin. Mutter hat Kleid, Bluse, Mantel, Faltenrock für uns Mädchen geschneidert, die Tante bestickte die Garderobe zum Teil. Oft zog uns Mutter wie Zwillinge an. Als kleine Schwester musste ich von der Großen auch Garderobe auftragen. Vater besohlte unsere Schuhe.

Zum Haus: Toilette (Plumpsklo) eine Treppe tiefer, aber mit Fenster. Im Laufe der Zeit bekam das Haus eine Toilettenanlage mit Wasserspülung; auch wurde die Haustür erneuert mit Klingelanlage; ebenso gab es neue Fenster. Von der Küche wurde ein Plätzchen abgezweigt und eine Badewanne installiert.

Ein Raum im Keller war Waschküche. Getrocknet wurde nach Möglichkeit draußen auf eigenem Grund und Boden. Oma hatte die Pfosten für die Wäscheleine schon setzen lassen. Eines Tages besaßen wir auch eine Lavamat. Sie fand ihren Platz neben der Badewanne.

Vater besaß in jüngeren Jahren einen Taubenschlag; später als Rentner (hundertprozentige Steinstaublunge) züchtete er Hunde. Er trank auch „ein“ Glas Bier. Mutter erzählte mir: „Oma hat gesagt, ein Bergmann braucht sein Bier.“

Ingrid Zonka, Dortmund

„Prinz“ und meine ersten Zigaretten

Geboren 1948 in Bottrop, typisches Zechenhaus, vier Familien, je ein Zimmer parterre, Schlafzimmer eine Treppe hoch. Toiletten im Stall (Plumpsklo) und eine gigantische Wiese zum Fußballpölen, Feuermachen, Kartoffeln in der Glut braten und so weiter.

Und so kam ich zu meinen ersten Zigaretten: Mittags Schichtwechsel auf Prosper 2, die Prosperstraße voller Kumpel auf dem Heimweg. Ich saß mit unserem Hund „Prinz“ im Hauseingang. Prinz hatte eine Abneigung gegen Radfahrer, die er nach Möglichkeit zu beißen versuchte. Das gelang sehr selten, da die Radfahrer, alles Bergleute, ihrerseits mit der Zigarettenkippe versuchten, Prinz abzulenken. Die Kippen, die auf den Boden fielen, wurden von mir und meinem Freund eingesammelt und weitergeraucht. Heute ist alles bebaut, auf dem Platz unseres Hauses steht ein Supermarkt.

Werner Wehde, Essen

Im Angesicht des Todes

Verdammtes Glück gehabt!

Von 1947 bis zur Stilllegung 1960 war ich auf der Zeche Prinz Regent in Bochum beschäftigt. Weil ich es im Leben zu etwas bringen wollte, besuchte ich bis zum Zeitpunkt des Ereignisses die Bergvorschule auf der Zeche Centrum in Wattenscheid, um nach viereinhalbjähriger Ausbildung Steiger werden zu können. Als Hauer war ich im gesamten Grubengebäude mit einem Lehrhauer an verschiedenen Einsatzorten beschäftigt.

Auf Ort 2 zwischen der 7. und 8. Sohle hatten wir im westlichen Vortrieb der steilen Lagerung das Gestänge (Grubengleise) zu verlängern. Die Arbeiten waren fast abgeschlossen, als der Steiger gegen Ende der Frühschicht unseren Betriebspunkt „befuhr“. Nach Überprüfung der geleisteten Arbeiten machte er deutlich, dass wir am nächsten Tag etwa 50 Meter weiter zum Querschlag hin ein Aufhauen (im Flöz ansteigend hergestellter Grubenbau) ansetzen sollten, da von dort aus später der Strebbetrieb eingerichtet werden sollte. Wir verstauten daraufhin unser Gezähe (Werkzeug) in die Gezähekiste, verluden diese auf einen Holzteckel (kleiner Schienenwagen) und fuhren damit zum neuen Betriebspunkt.

Dort luden wir unsere Gezähekiste ab und brachten den Teckel zum Abstellgleis. Dann kam auch schon die 12-Uhr-Schicht bei uns vorbei. Die mussten von irgendwoher wohl gehört haben, welche Aufgabe auf uns wartete. Denn sie fingen sofort an zu frotzeln: „Nun macht schon, dass ihr in euer neues Loch reinkommt, es ist noch keine Schicht.“ Wenn sie gewusst hätten, was hier bald passieren würde, wären sie mit ihrer Frotzelei wohl etwas vorsichtiger gewesen! Aber so sind die Kumpel: raue Schale, weicher Kern!

Eigentlich wollten wir noch das nötige Ausbauholz für den nächsten Tag heranschaffen. Aber ich wollte auch noch sehen, wie es über der Firste (obere Begrenzung eines Grubenbaus) aussah, wo wir am nächsten Tag das Aufhauen ansetzen sollten. Wir zogen also ganz vorsichtig die Verzugshölzer und die Steinplatten aus der Firste und stellten dabei fest, dass sich mit der Zeit ein ein Meter hoher Hohlraum über der Firste gebildet hatte. Man konnte also sehr gut dort hinein gelangen.

Die schon angesetzten Holzstempel über der Firste erleichterten außerdem den Zugang zum Hohlraum. Bei dem Versuch, in den Hohlraum zu gelangen, gab plötzlich einer der Stempel nach und ein Schwall Kohle ergoss sich an mir vorbei in die Strecke. Unglücklicherweise schob sich dabei ein Stempel unter meine Achselhöhle und machte mir das Mitabrutschen in die Strecke unmöglich.

Immer mehr Kohle rutschte an mir vorbei, dann über meinen Kopf hinweg, so dass ich schon bald in der sich anhäufenden Kohle zu ersticken drohte. Jedenfalls blieb mir die Luft weg. Im

Untertage-Aufnahme aus dem Jahr 1950, die von Markscheidern (Vermessern) der Zeche Prinz Regent in Bochum beim Vermessen der Kopfstrecke mit schlagwetterfesten Scheinwerfern erstellt wurde

Geiste sah ich mich bei meiner eignen Beerdigungsfeier in unserer Straße. Allerdings bemerkte ich auch immer noch ein Ziehen und Zerren an meinen Beinen. Glücklicherweise hatte mein Kumpel die Belegschaft der 12-Uhr-Schicht herbeigeholt. Sie alle bemühten sich, mich aus der Firste heraus zu ziehen.

Als ich schon im Begriff war, mich in mein Schicksal zu ergeben, gab es plötzlich einen Ruck und ich spürte, dass mein Körper frei wurde und ich in die Strecke rutschte. „Gott sei Dank", rief jemand, und dann verlor ich das Bewusstsein.

Als ich wieder zu mir kam, lag ich bereits bei unserem Sanitäter im Krankenzimmer. „Junge, hast du Schwein gehabt", sagte der Fahrsteiger, der plötzlich von irgendwo her aufgetaucht war. Nach notdürftiger Reinigung brachte man mich ins Krankenhaus Bergmannsheil, wo ich mich etwa drei Wochen von dem Unfall erholen konnte.

Noch heute erinnert mich ein feiner blauer Strich an meinem linken Oberarm an diesen Unfall (die Farbe Blau ist typisch für Unfälle im Zusammenhang mit der Steinkohle). Aus dem Unfall habe ich gelernt, dass man nicht vorsichtig genug sein kann, wenn man unter Tage arbeitet.

Aber der Fahrsteiger hatte schon Recht. Es war wirklich großes Glück, was ich da gehabt hatte …

Hans Asch, Bottrop

84 Stunden auf Neuruhrort verschüttet

Am 1. Oktober 1951 wechselte ich als 19-jähriger Lehrhauer von der Zeche Dahlhauser Tiefbau in Bochum zur Zeche Neuruhrort in Bochum-Dahlhausen. Dieser Wechsel wäre mir fast zum Verhängnis geworden.

Am Dienstag, dem 30. Oktober, krachte es gegen 17.40 Uhr im Flöz „Geitling“. Zwei Kumpel und ich wurden durch einen Strebbruch verschüttet. Ich saß mit einem 58-jährigen Kollegen in einem Loch, sechs Meter lang, 2,40 Meter breit und mannshoch. Der dritte Mann kam bei dem Unglück ums Leben.

Ununterbrochen waren die Rettungsmannschaften im Einsatz, was wir auch hören konnten – doch sie hörten uns nicht. Erst am Donnerstagmittag gelang es den Rettern, ein Loch zu uns freizubohren. Jetzt hatten wir den ersten Kontakt und vor allem frische Luft, doch Verpflegung konnten wir immer noch nicht bekommen. Am schlimmsten war der Durst. Mit unseren Lampen gingen wir sehr sparsam um, so dass wir bis zu unserer Rettung Licht hatten. Jeder ging seinen Gedanken nach. Ich machte mir Sorgen, ob ich am Sonntag wieder Fußball spielen kann (Neuruhrort).

Samstagmorgen um 5.05 Uhr war es endlich soweit. Die Kameraden zogen mich zuerst aus dem Loch, dann meinen Kumpel. Wir waren sehr erschöpft, aber unversehrt.

84 Stunden haben wir gemeinsam ausgeharrt und die Hoffnung, dass die Kollegen uns retten werden, nie aufgegeben.

Günter Barnehl, Bochum

Die Katastrophe auf Zeche Grimberg 3/4

Nach meiner Heimkehr aus dem Krieg arbeitete ich gut ein Jahr lang auf den Chemischen Werken Bergkamen. 1937 war neben die Zeche ein Werk gebaut worden, das einen großen Teil der geförderten Kohle in Benzin, Dieselöl und andere Stoffe umwandelte.

Am 20. Februar 1946, also nicht ganz ein Jahr nach der Bombardierung des Ortes, arbeitete ich im Geräte-Magazin des Werkes, das seit der Zerstörung des Hauptgebäudes in einem Stollen der Bergehalde der benachbarten Zeche untergebracht war. Gegen 12 Uhr ging ich während eines Gewitters zum Essen in

Wilhelm II. 1912 vor Rettungsmannschaften vor der Zeche Lothringen in Bochum-Gerthe. Nach einer Schlagwetterexplosion waren hier 114 Tote zu beklagen

Ein Überlebender des schweren Zechenunglücks auf der Zeche Radbod in Hamm mit einer Gedenktafel. Am 12. November 1908 kamen hier 349 Bergleute ums Leben

Treffen von Überlebenden des Grubenunglücks auf der Zeche Grimberg 3/4 in Bergkamen. Im Februar 1946 starben hier 405 Bergleute, fast die gesamte Belegschaft der Morgenschicht, qualvoll unter Tage

Mahnmal für die Toten des Grubenunglücks auf der Zeche Grimberg 3/4 auf dem Waldfriedhof Bergkamen. Bei der größten Katastrophe in der Geschichte des Ruhrbergbaus, die sogar über Tage Tote forderte, starben 405 Bergleute unter Tage

die Werkskantine. Einen wuchtigen Knall aus Richtung der Zeche Grimberg 3/4 schrieb ich dem Gewitter oder einer der damals häufigen Sprengungen von Bomben-Blindgängern zu. Unbesorgt war ich aber nur kurze Zeit, denn schon einige Minuten nach dem Knall heulten Sirenen, und als ich vom Essen in den Betrieb zurückkam, herrschte bei den Kollegen, die in Gruppen beieinander standen, große Aufregung. Ihnen war zu Ohren gekommen, dass sich auf Kuckuck, wie wir die Schachtanlage Grimberg 3/4 nannten, eine schwere Explosion ereignet hatte.

Etliche Kollegen und Kolleginnen wurden sofort beurlaubt, damit sie zum Unglücksschacht eilen konnten, um etwas über ihre dort arbeitenden Angehörigen zu erfahren. Ich wusste, dass einige mir nahestehende Männer auf Kuckuck eingesetzt waren, wusste aber nicht, auf welcher Schicht. Telefonisch konnte ich nicht nachfragen, denn die wenigen Werkstelefone, mit denen man aus dem Werk hinaus telefonieren konnte, waren mir in dieser Situation nicht zugänglich, und außerdem besaß keiner meiner Verwandten und Bekannten ein Telefon.

Als ich nach dem Schichtende zu Hause ankam, hatten meine Eltern inzwischen herausbekommen, dass Karl Walter, der Ehemann der Schwester Else meines Vaters, und mehrere gute Bekannte am Morgen eingefahren waren. Meine Eltern wollten sich um Tante Else kümmern, und ich fuhr nach Kaiserau. Dort wohnte Erna Maas, mit der ich, so lange es mir möglich war, per Feldpost viele Briefe ausgetauscht hatte. Die Familie Maas hatte bei dem Bombenangriff, wie meine Familie, alles verloren und wohnte nun weitab von ihrer zerstörten Wohnung.

Da der Familienvater nicht nach Hause gekommen war, befand sich die Ehefrau mit ihren Kindern in verzweifelter Stimmung. Dass der Vater länger arbeiten musste, um andere Bergleute zu retten, war unwahrscheinlich, denn für Rettungsaktionen wurden keine Männer eingesetzt, die das Unglück selbst miterlebt hatten und dadurch geschwächt waren, es sei denn, sie wären in der Lage gewesen, Rettungstrupps zu Eingeschlossenen zu führen. Der Vater war also eingeschlossen oder gar tot. In den nächsten Tagen wechselte die Stimmung in der Familie wie bei Tausenden anderen Menschen zwischen furchtbarer Angst und vager Hoffnung, denn immer noch gelang es einzelnen Bergleuten, sich in Sicherheit zu bringen, oder Rettungstrupps konnten Eingeschlossene oder Verschüttete befreien. Die Hoffnung erlosch endgültig am 26. Februar, als die Einsatzleitung, die davon überzeugt war, dass von den Eingeschlossenen niemand mehr lebte, anordnete, zur Eindämmung der unterirdischen Brände sämtliche Verbindungen des Grubengebäudes der Zeche Kuckuck mit der Außenwelt zu unterbinden.

Zur Morgenschicht waren 466 Bergleute eingefahren, 405 von ihnen sahen das Tageslicht nicht wieder. Im Unglücksort und in den Nachbargemeinden gab es kaum jemanden, der nicht einen Angehörigen oder guten Freund verloren hatte; ich kannte persönlich 23 der zu Tode gekommenen Männer.

Die Grimberg-Katastrophe, so hieß es oft, nahm dieses furchtbare Ausmaß an, weil die Menge der Förderung eine größere Priorität besaß als die Sicherheit der Bergleute. Auf den Böden der Strecken abgelagerter Kohlenstaub war nicht entfernt worden. Eine allein schon sehr gefährliche Schlagwetterexplosion hatte eine Druckwelle ausgelöst, durch die der Kohlenstaub in großen Bereichen des Grubenbaus aufgewirbelt wurde und mit der Luft ein stark explosives Gemisch bildete. Dieses wurde durch die nacheilende, sich ausdehnende Explosionszone gezündet und zur Detonation gebracht, die den Förderkorb, mit dem die Bergleute am Morgen eingefahren waren, wie in einem Kanonenrohr im Schacht derart beschleunigte, dass sein Volumen bei einem Aufschlag im Förderturm auf ein Drittel zusammengestaucht wurde.

Ernst Beier, Bochum

„Die Zeche ist in die Luft geflogen!"

Am 24. November kamen wir in Bergkamen mit dem Zug an. Wir wurden zu viert zur Zeche Monopol, Schacht Grimberg 3/4 eingeteilt. In 920 Meter Tiefe beim Streckenausbau Steine zu schippen, war für mich eine ungewohnte Arbeit.

Anfang Februar 1946 kam der Steiger zu mir und sagte mir, ich sollte nächste

Seit 1950 verunglückten unter Tage mehr als 3000 Ruhrbergleute tödlich

DÜSSELDORF, 9. August

Mehr als 3000 Ruhrbergleute sind seit Anfang 1950 unter Tage tödlich verunglückt. Die großen Katastrophen im Ruhrbergbau sind an dieser Gesamtzahl nur mit einem geringen Prozentsatz beteiligt. 168 Bergleute sind seit 1950 bei Unglücken ums Leben gekommen, die gleichzeitig fünf Mann und mehr das Leben kosteten. Von diesen 168 Bergleuten entfallen auf die Zeche Dahlbusch 119.

Die Zahl der unter Tage tödlich verunglückten Bergleute im Ruhrgebiet blieb seit 1950 ziemlich konstant: Von 548 im Jahr 1950 sank sie auf 525 im Jahr 1951, stieg dann an auf 545 für das nächste und auf 554 für das Jahr 1953. Im vorigen Jahr wurde ein stärkerer Rückgang auf 524 verzeichnet. Bis Ende Juni 1955 waren 259 tödlich verletzte Bergleute gemeldet worden. Im Durchschnitt aller Jahre verunglückten bisher jeden Monat etwa 45 Ruhrbergleute unter Tage tödlich.

Aus der Westdeutschen Allgemeinen Zeitung vom 9. August 1955

Bei einer Schlagwetterexplosion am 30. Mai 1951 auf der Zeche Heinrich Robert in Hamm-Herringen kamen 17 Bergleute ums Leben. Die Bilder zeigen den brennenden Unglücksschacht (l.) und eine Rettungsmannschaft kurz nach der Ausfahrt

Woche die Schicht wechseln und im Streb Kohle schaufeln, weil zwei Männer krank geworden seien.

Dann kam der 20. Februar 1946.

Mit einem Kumpel saß ich beim Mittagessen. Draußen gab es ein starkes Schneetreiben, zusätzlich tobte noch ein Wintergewitter. Plötzlich ein dumpfer Schlag. Ich sagte zu meinem Kumpel, das dies kein Donner gewesen sei, weil das Grollen eines Donners fehlte. Nach dem Essen machten wir uns auf den Weg zum Schichtbeginn um 13.30 Uhr.

Da kam uns ein Kumpel entgegen und sagte zu uns: „Geht nach Hause, heute ist Sabbat." „Was heißt Sabbat", fragten wir. „Die Zeche ist in die Luft geflogen!"

Wir gingen trotzdem weiter bis zum Schacht – es war ein schlimmer Anblick. Der Förderturm lag schief, die Seile fehlten, es qualmte stark aus dem Schacht.

Einen Tag später erfuhren wir, dass es eine Schlagwetterexplosion gegeben hatte. 405 Tote unter Tage, eine ganze Schicht Bergarbeiter war tot.

Nur der Wechsel zur einer anderen Schicht hat mich vor dem gleichem Schicksal bewahrt.

Gerhard Rochlitz, Velbert

Eingeschlossen

Mein Vater, geboren im Dezember 1927, kam Ende 1947 nach Rumeln (-Kaldenhausen, jetzt Duisburg), um im Bergbau zu arbeiten, „da es dort immer etwas zu essen gab", so mein Vater. Im Januar 1948 begann er seinen Dienst bei der Zeche Mevissen. Am 8. September 1948 kam es zu einem „Ereignis" (Unglück kann man nur sagen, wenn ein Mensch zu Tode kommt). Mein zukünftiger Vater wurde gemeinsam mit einem Kumpel eingeschlossen. Häufig erzählte mein Vater, damals 21-jährig, wie groß seine Angst gewesen war, dass er dort nicht mehr lebend rauskommen würde. Der erfahrene Kumpel, mit dem er eingeschlossen war, versuchte, ihm die Angst zu nehmen.

Der 8. September war die letzte Schicht für meinen Vater. Er „kehrte mit Einwilligung des Arbeitsamtes ab". Ein weiterer Kumpel schrieb folgendes Gedicht über das „Ereignis":

Hans, die Schicht ist bald zu Ende,
jetzt fassen wir zu mit beide Hände,
die drei Eisenstempel raube ich noch hier,
und dann fahren wir aus dem Revier.

Hans, ich bin heute noch so munter,
sei mal ruhig, ich glaube, die Bude kommt runter,
komm zurück aus dem Alten Mann,
schnell schnell an den Kohlenstoß heran.

Ein Knacken, ein Bersten, als wenn die Hölle spricht,
ich habe es ja gewusst, die Bude bricht,
hier in diesen Kerb hinein,
da können wir unseres Lebens sicher sein.

Zwei Bergmänner mit dem schwarzen Gesicht,
eingeschlossen sind sie mit ihrem Licht,

so schnell kann keiner schreiben wie sie denken,
auch ein Gebet sie zum Himmel lenken.
Das Knacken und Bersten klingt noch im Ohr,
gleichzeitig klopft es ans Rohr,
schnell das Zeichen wiedergeben,
dann wissen sie, wir sind noch am Leben.

Und dann, des Fahrsteigers Stimme es ist,
er fragt nach den Namen, die er vermisst,
Detlinger und Petersen, wir sind ganz allein,
haltet aus, bald werden wir bei euch sein.

Ein Hoffnungsschimmer, er leuchtet zwar klein,
aber immerhin, es könnte möglich sein,
dass man uns bringt hier heil hinaus,
aber dann ist es mit dem Bergmannsleben aus.

Sechs Stunden später, ich glaubte es sei Vision,
da hören wir das Rattern der Hämmer schon,
Schorsch und Hans, fröhlich mit dem Hammer singt,
ein Loblied, das bis zum Himmel dringt.

Und kurze Zeit später, wie neu geboren,
stehen sie vor ihren Kumpel, den verlorenen.
Vom Streb bis zum Schacht
wird über eins nur nachgedacht,
die Kumpel gaben uns unser zweites Leben,
und was können wir ihnen dafür geben?
Wir brechen unseren heiligen Schwur
und fahren mit den Kumpel dieselbe Tour,
zu unserer zweiten Geburtsstätte, ins fünfte Revier,
das ist unser Dank dafür.

Anmerkung: Schorsch Detlinger ist mein Vater, gestorben im November 1999. Hans Petersen war der mit eingeschlossene Kumpel. Ob der Verfasser des Gedichtes Karl Maletcki war, kann ich nicht sagen.

Doris Detlinger-Pfeiffer, Oberhausen

Ich bin um mein Leben geklettert

Die Gedanken an diesen Montag – es war der 16. Dezember 1958 – werde ich auch nach mehr als 50 Jahren nicht los. Ich war zusammen mit zwei Ortshauern und einem Lader in 800 Metern Tiefe damit beschäftigt, auf der Zeche König Ludwig 4/5 in Recklinghausen-Suderwich den Streb Karl für die Kohleförderung vorzubereiten. Plötzlich war da erst dieses Knacken, dann brach um 10.20 Uhr mit furchtbarem Getöse die ganze Bude zusammen. Ich bin buchstäblich um mein Leben geklettert. Zum Glück stand da ein Zug mit leeren Kohlenwagen. Ich konnte den letzten gerade noch erreichen und hineinspringen. So blieb ich unverletzt.

Wir waren in einem etwa 35 Meter langen Hohlraum eingeschlossen. Aber es gab noch eine Rohrleitung, über die wir Klopfzeichen gegeben haben. Nach zwei Stunden endlich kam eine Antwort. Die Kollegen haben sich dann von der anderen Seite durch 20 Meter Steine gegraben und uns abends gegen 18 Uhr erreicht. Zur Ausfahrt über die Schachtanlage König Ludwig 7/8, ebenfalls in Suderwich, wurde ich mit dem Dienst-Mercedes unseres obersten Chefs zurück nach 4/5 gefahren. Wir bekamen drei Tage Sonderurlaub.

Bei dem Unglück habe ich den größten Teil meines Gehörs verloren. Als ich das nach dem Sonderurlaub meldete, musste ich erfahren, dass eine Drei-Tage-Frist abgelaufen war und der Hörschaden deshalb nicht mehr als Unfall anerkannt werden konnte. Sieben Jahre später wurde König Ludwig stillgelegt. Ich habe dann noch ein Jahr unter Tage auf der Zeche Haus Aden in Bergkamen gearbeitet und bin danach Sprengmeister über Tage geworden.

Hans Oeynhausen, Recklinghausen

Einsatz in der Grubenwehr

Mein Mann, Bruno Lorenz, war Bergmann auf Rhein-Elbe bis 1954 und kam dann zur Grubenwehr Rhein-Elbe, die einen guten Ruf im Bergbau hatte. In den 50er- und 60er-Jahren gab es im Bergbau noch oft Explosionen unter Tage, zu denen dann die Grubenwehr ausrücken musste. Schwere Unglücke gab es auf Dahlbusch, Nordstern, Mont Cenis usw. – leider immer mit toten Bergleuten. Auf Shamrock war mein Mann auch. Einmal waren wir zu einer Taufe eingeladen, da kam am Nachmittag in den Nachrichten u.a. die Durchsage einer Wetterexplosion auf Nordstern. Mein Mann musste sofort zurück, um bei der Grubenwehr mit dem nächsten Trupp seine Kameraden abzulösen. Unter Tage hatte die Flamme die Kumpel voll erwischt. Sie waren alle tot. Der Einsatz der Grubenwehr dauerte mehrere Tage, an denen sie nicht heimkommen konnten. Sie blieben so lange auf der Wache Rhein-Elbe in Gelsenkirchen.

Einmal kam mein Mann vom Einsatz kurz heim, schwarz wie er war, und wollte nur seine Butterbrote abholen, um dann weiter zur Wache zu fahren. Unsere kleine Tochter, zweieinhalb Jahre, sollte ihn begrüßen. Nachdem ich sie zweimal aufgefordert hatte, dem Papa Guten Tag zu sagen, sagte sie: „Nein, das ist nicht mein Papa, der ist nicht so dreckig."

Für die Sicherheit unter Tage wurde zunehmend mehr getan, u. a. wurden Wassertröge aufgehängt. Bei einer Explosion sollte das Wasser erste Hilfe leisten.

Helga Lorenz, Bochum

Tod auf Jacobi

Grubenbrand auf der Zeche Jacobi an der Stadtgrenze Bottrop/Oberhausen

Als junger Maschinensteiger fahre ich am 28. Juli 1965 zur Nachtschicht auf Zeche Jacobi. Am Eingangstor vor der Zeche eine Menschentraube. Beißender Qualm kommt aus dem

Schlagwetterexplosion am 9. März 1962 auf der Zeche Sachsen in Hamm-Heessen

Verzweifelte Angehörige warten vor dem geschlossenen Zechentor auf Nachrichten

Trauermarsch mit der Flagge der Zeche (Bild oben) und Gedenkmesse für die 31 Toten der Bergwerkskatastrophe auf der Zeche Sachsen in Hamm-Heessen vom 9. März 1962

Grubenlüfter. Ein Schlosser ruft mir zu: „Hier kommt nur die Grubenwehr rein, die Zeche brennt!"

Ich bin zwar nicht in der Grubenwehr, werde aber mit meinen Schlossern vom Pförtner eingelassen. Die Einsatzleitung der Grubenwehr (nicht Betriebsführer oder Obersteiger) bestimmt den weiteren Ablauf unseres Einsatzes.

Was war geschehen? Am Nachmittag war in der Bandstrecke Revier 15 in Flöz Hugo ein Brand ausgebrochen. Dieser hatte sich in Windeseile über den Blindschacht 5-5-9 bis zur 4. Sohle ausgebreitet.

Im Steigerzimmer hatte ich erfahren, dass zwei Kumpel in einem Raubbetrieb oberhalb der brennenden Bandstrecke eingeschlossen waren. Die im Raubbetrieb arbeitenden Bergleute hatten, trotz Brand in der Bandstrecke des Abbaubetriebes, noch eine Zeit lang Frischluft von der 5. Sohle bekommen. Erst als die heißen Gase, nach Zerstörung der Lutte (Kunststoffschlauch etwa 500 Millimeter Durchmesser), die Kumpel am Streckenende erreichten, nahmen sie ihren CO-Selbstretter, setzten ihn auf und gingen zum Stapel. Dort haben sie wohl in die „Hölle" (brennenden Blindschacht) geschaut. Sie sind noch 30 Meter zurück gelaufen und dort gestorben.

Da alle Rettungsversuche der Grubenwehr erfolglos waren, wurde gegen Mitternacht von der Einsatzleitung der Grubenwehr der Befehl zur Abmauerung der Luftwege gegeben. Zwei Menschen und zwei Drittel der Fördermenge wurden aufgegeben.

Um vier Uhr wurden alle Luftschleusen (Rohre mit etwa einem Meter Durchmesser) gleichzeitig geschlossen. Dies ist wichtig, da es sonst eventuell zu einer Verpuffung mit nachfolgender Schlagwetter- (CH4-Gemisch) und anschließender Kohlenstaubexplosion kommen kann.

Traurig fuhren wir nach verlängerter Schicht zu Tage. Es wurde kaum gesprochen. Unsere Gedanken waren bei unseren beiden toten, eingemauerten Kameraden und deren Familien.

Als ich gegen elf Uhr nach Hause kam, fiel mir meine junge Frau mit rot verweinten Augen um den Hals. Sie hatte in der Zeitung vom Grubenbrand auf Jacobi gelesen und schon das Schlimmste angenommen.

PS: Die beiden mumifizierten Bergleute aus dem Flöz Matthias wurden nach mehreren Monaten am 16. Mai 1966 von der Grubenwehr geborgen und würdig beigesetzt.

Helmut Maas, Bottrop

Ich lebe noch

Nach bestandener Reifeprüfung im Mai 1952 erhielt ich einen Arbeitsauftrag für zwei Jahre auf der Carstellengegrube im polnischen Zahrze. Ich wurde auf die Produktionsabteilung Nr. 5 im Flöz 507 (Reden) als Steigeranwärter eingeteilt. Dieses Flöz von sechs Meter Mächtigkeit und einer Neigung von

Förderräder stehen still

Auch heute sind sie wieder in den Schacht gefahren.
„Die Grube brennt!“ – haben Angehörige erfahren.

Am Werkstor verharren sie stumm und beten.
Angst, aber auch Hoffnung ist in ihre Gesichter getreten.

Rauch quillt aus dem brennenden Schlund.
„Die Grube brennt!“ – hallt es von Mund zu Mund.

Wie ein Mahnmal reckt sich der Todesschacht.
Das Tor zur Grube – der Vorhang zur Nacht.

Doch Förderräder werden sich weiter dreh’n.
Trotz des Unglücks werden andere nach unten geh’n.

Glück auf, all den Männern in dunkler Nacht.
Glück auf, dass der helle Tag euch lacht.

Dieter Heilmann, Herne

30 bis 33 Grad wurde im Feilersystem abgebaut. Ein Feiler ist eine Kammer von etwa 30 Metern Länge, zehn Metern Breite und sechs Metern Höhe. Die dicken Flöze, das unmoderne Abbausystem und die starke Neigung von über 30 Grad haben in diesem Bereich starke Bergschläge verursacht. So ist es am 19. März 1953 geschehen. Ein starker Bergschlag hat die zwei Meter dicke Kohleschicht, die am Eingang zum Feiler über der Strecke hing, heruntergerissen und sieben Kumpel unter sich begraben. Nur drei Kumpel konnten die Rettungsmannschaften noch befreien. Für vier Kumpel kam jede Hilfe zu spät. Am Tag zuvor hat der Schichtsteiger der Mittagsschicht mich gebeten, mit ihm die Schicht zu tauschen, weil er bei seiner Freundin ihren Geburtstag feiern wollte. Ich habe zugesagt. Das war mein Schicksal. Der treue Steigerkumpel hat diesen Geburtstag nicht mehr miterlebt, und ich bekam einen freien Tag zur Beerdigung.

Im Juni 1955 kam es während der Sandversatzung zu einem tragischen Unfall. Die Sand-Wasser-Mischung wurde in speziellen Stahlrohren (Durchmesser 19 x 4 cm) kilometerweit transportiert. In der Teufe von 600 Metern entstand in den Röhren ein Druck von 50–60 atm. An diesem traurigen Tag wurde ein Rohr von dem hohen Druck auseinander gerissen und die entweichende Sand-Wasser-Mischung hat einen Kumpel mitgerissen. Mir ist es gelungen, diesen Kumpel nach nur wenigen Minuten zu entdecken. Er war im Bunker über der Einlassstelle mit der Sand-Wasser-Kohlemischung verspült. Ich konnte aber seine linke Hand entdecken, die aus der Mischung hervorragte. Nach dramatischer Rettungsaktion konnten wir den Kumpel noch lebend befreien. Aber ein Körperteil hat darauf hingewiesen, dass er einen Genickbruch erlitten hat. Trotz aller Bemühungen ist der Kumpel auf dem Weg zum Schacht verstorben.

Im März 1971 kam es im Flöz 508 zur größten Katastrophe auf unserer Grube. Im Streb von 80 Metern Länge, 2,8 Metern Mächtigkeit und 20 Grad Neigung waren zur Spätschicht elf Kumpel beschäftigt. Der Streb wurde mit Holz ausgebaut und der Leerraum mit Sand versetzt. Am 17. März um 18.00 Uhr kam es zu einem starken Bergschlag, und der folgende Strebbruch gigantischen Ausmaßes hat alle im Streb anwesenden Kumpel begraben. Eine sofortige Rettungsaktion wurde von beiden Seiten angesetzt. Es wurden Rettungsstollen durch den Steinbruch gebuddelt, um an die verschütteten Kumpel heranzukommen. Der Steiger musste genau bekannt geben, an welcher Stelle in diesem Moment sich die Kumpel befanden. Er hat zehn Kumpel richtig angezeigt, und die wurden auch nach schwieriger Aktion gefunden, leider tot und zur Unkenntlichkeit entstellt. Nur die Lage des elften Kumpel konnte der Steiger nicht beschreiben. Er war unterwegs, einen Stempel zu holen. So hatte dieser Kumpel die geringsten Chancen, gefunden zu werden. Bis zum 24. März waren zehn Kumpel gefunden und inzwischen bestattet worden. Für den letzten waren über Tage schon alle Vorbereitungen für die Bestattung getroffen worden. Der Metallsarg für ihn war schon unter Tage vor Ort. Plötzlich hörten die Rettungskumpel in der Nacht zum 25. März eine rufende Stimme aus dem Steinbruch. Man hat in diesem Moment an den Berggeist geglaubt. Aber es war die Stimme vom Kumpel, der nach acht Tagen im Steinbruch aus seinem Loch sprang. Seine erste Frage nach der Rettung war: „Wie hat Görnik Zahrze gegen Manchester gespielt?" Er hat nämlich wegen diesem Spiel die Schicht gewechselt. Als ihm die Rettungskumpel sagten, dass er noch heute zu diesem Spiel zurecht kommt, konnte er dies nicht glauben. Er sagte: „Ich war doch nicht etwa nur einen Tag in diesem Loch?" Nein, es waren acht Tage. Das Spiel, zu dem er wollte, war unentschieden ausgegangen, und nach einer Woche wurde das Entscheidungsspiel ausgetragen – und zu diesem kam er noch zurecht. Der Grubendirektor hat für den Alois im Krankenzimmer einen Fernseher einrichten lassen. Nach dem gewonnenen Spiel kam eine Delegation der Mannschaft den Alois besuchen. Nach dem Unfall war er arbeitsunfähig, erhielt eine Unfallrente und verstarb im Jahr 2002.

Im April 1974 wurde ich nach Indien delegiert, wo ich mit zehn Kumpel verantwortlich war für den ersten Eisenausbau in der Mouidihgrube in Dhanbad State Bihar, wo wir in einem Zwei-Meter-Flöz den ersten Streb (80 Meter lang) mit Eisenausbau in Bewegung brachten. Die tropischen Verhältnisse über und unter Tage von 33 Grad, Luftfeuchtigkeit 95 Prozent und starkem und intensivem Methangasausfluss waren die größten Hindernisse. Schon nach dem ersten Arbeitstag kann ich von einem Wunder reden, dass ich mit dem Leben davon kam.

Im Juli 1974 ist durch Unvorsichtigkeit ein indischer Kumpel mit der Förderung in den Kohlenbunker (Kapazität etwa zwölf Tonnen) über der Einlassstelle gefallen. Nach blitzschneller Rettungsaktion, die ich organisiert habe, konnten wir den Kumpel noch lebend retten. Er war zwar stark, aber nicht lebensgefährlich verletzt. Als Anerkennung wurde unser Team vom indischen Direktor zu einem Festessen eingeladen.

Ich habe in meinen 38 Jahren Bergbau (mit Berufsschule) viele Unfälle, Katastrophen, Brände, Wasser- und Gasausbrüche, Steinbrüche, Bergschläge und vieles andere erlebt, bis ich 1985 in den Ruhestand versetzt wurde.

Trotz alledem möchte ich aufrichtig sagen, wenn ich noch einmal jung wäre, ich würde diesen Weg mit vollem Eifer noch einmal gehen.

Peter Schmelter, Bergkamen

Atemschutzgeräte, auch „Sauerstoff-Selbstretter“ genannt, wurden nach der Katastrophe vom 20. Februar 1946 auf der Zeche Grimberg 3/4 obligatorisch für alle Bergleute angeschafft und kontinuierlich weiterentwickelt

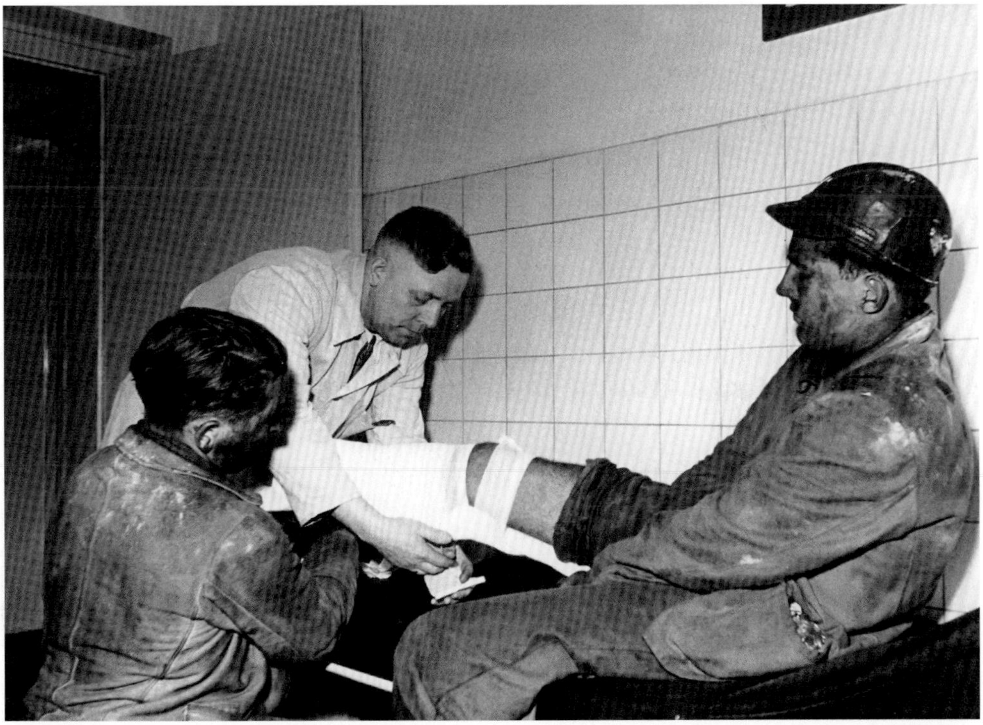

Regelmäßige medizinische Betreuung, Notfallhilfe und Therapiemaßnahmen im Gesundheitshaus der Zeche Robert Müser in Bochum-Werne, 1954

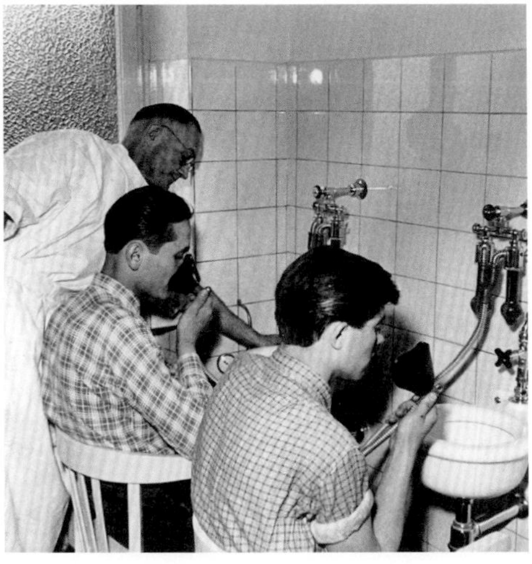

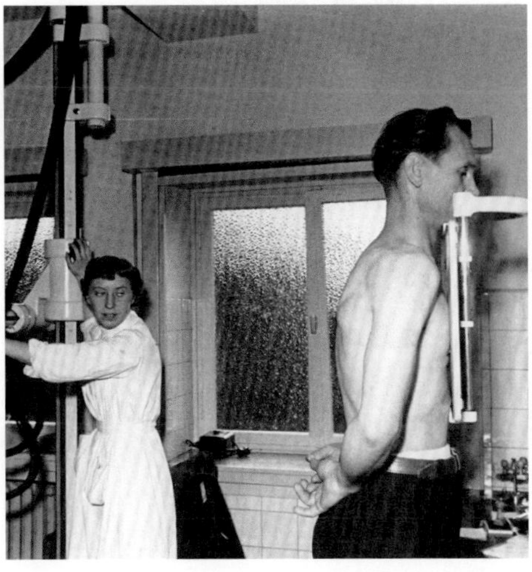

Opfer und Retter im Streb in Lebensgefahr

Ich habe den Bergmannsberuf 1950 als Berglehrling begonnen, als Fahrhauer 1966 beendet und war an verschiedenen Betriebsstätten im Ruhrgebiet tätig. Während meiner Zeit auf der Zeche Haniel in Bottrop in den 1950er-Jahren war ich zeitweise den „Räubern" zugeteilt. Die lassen die Räume einstürzen, die beim Fortschreiten des Kohleabbaus frei werden.

Räuber arbeiteten allein, jeder in einem ihm zugeteilten Streb. Bei einer Schicht hatte mein Nebenmann bereits ein Stück geräubert, als plötzlich ein Teil des Hangenden einbrach und herabstürzte.

Mein Kumpel wollte nach hinten springen, doch er stolperte und fiel hin. Nachrollende Berge und Holz klemmten ein Bein ein – er war gefangen.

Auf sein Rufen lief ich hin. Während das Hangende knisterte und bröckelte, versuchte ich sein Bein zu befreien. Die Gefahr, dass das Hangende jeden Moment einbrechen konnte, zwang mich mehrmals dazu, Schutz im sicheren Bereich zu suchen.

Beim wievielten Versuch es mir gelang, den von Todesangst ergriffenen Kumpel zu befreien, weiß ich nicht mehr. Jedenfalls feierten wir nach Ende der Schicht mit Limo und Bratrollmops unseren zweiten Geburtstag in der Kantine. Ich glaube, dass ähnliche Hilfen aus Notlagen öfter vollbracht, aber als selbstverständlich hingenommen wurden. Niemand hängte solche Dinge an die große Glocke. Sprüche zu klopfen ist unter Kumpel nicht üblich.

Rudolf Rossmanek, Schermbeck

Angst verleiht Flügel

Von April 1958 bis Oktober 1960 war ich Berglehrling auf den Zechen Prinz Regent (heute bekannt als „Zeche" mit Tanz und Theater) in Bochum-Weitmar und Friedlicher Nachbar in Bochum-Linden.

Es war damals längst nicht alles Kohle, was glänzte. So war es durchaus üblich, dass zwei Hauer und zwei Berglehrlinge (Lehrlinge arbeiteten die ersten sechs Monate über Tage) die eine oder andere Schicht auf dem Grundstück des Betriebsführers (gleich auf der anderen Straßenseite gelegen) verbrachten, um Hühnergehege, Zäune und ähnliches zu reparieren oder zu erneuern.

Unter Tage verbrachten die Meisterhauer, die für die Ausbildung der Lehrlinge verantwortlich waren, den größten Teil der Arbeitszeit schwätzend und Kohlewagen zählend (ab einer bestimmten Zahl gab es eine Sonderprämie, wohlgemerkt), im Ausbildungsrevier, während wir in der steilen Lagerung und auf selbstgeschlagenen Stempeln mehr als sechs Stunden die Balance halten mussten und harte, gefährliche Arbeit verrichteten. Ich kann mich nicht erinnern, dass jemals einer der Meisterhauer meine Arbeit am „Knapp" im „Streb" begutachtet hätte. Immerhin mussten in einem bestimmten Abstand immer wieder drei Stempel in der Form auf zwei Schalhölzer getrieben werden, dass sie „brummten" und das Gebirge sicherten.

Unvergessen bleibt der Tag, an dem sich ein Fahrsteiger in makellosem Bergmannsanzug von oben nach unten durch den Streb hangelte, um den Stand der Dinge aus nächster Nähe zu beäugen. Als unversehens ein Stempel dem Gewicht nachgab, zischte der arme Kerl raketenhaft in die Tiefe und landete mit gebrochenen Beinen im Kohlekasten oberhalb der Strecke. Es wird heute noch gemunkelt, dass der Mann nie mehr einen Streb der steilen Lagerung betreten habe.

Kurz vor Beginn der Arbeit im Streb ereignete sich eines Morgens ein gewaltiger Gebirgsschlag, der jeden von uns dazu veranlasste, blitzartig seine Sprintfähigkeit unter Beweis zu stellen. Die Schnellsten waren in kürzester Zeit an der Richtstrecke (Hauptstrecke, die zum Schacht führte). Erst nach etwa zwei Stunden legte sich der dichte Staub, und das Ausmaß der Bewegung war zu erkennen. Wenig später waren die erfahrenen Meisterhauer der Meinung, dass man nun alle Bedenken ausräumen und mit der Arbeit im Streb beginnen könne. Der Berg knisterte und knirschte weiterhin, unsere Knie konnten nicht zitteriger sein.

Im Frühjahr 1960 erreichte uns die Meldung, dass die Zeche Prinz-Regent wegen Unrentabilität geschlossen werden müsse, obwohl erst ein halbes Jahr zuvor ein neuer Schacht für sage und schreibe 24 Millionen DM abgeteuft worden war.

Nach der Schließung musste ich zur Zeche Friedlicher Nachbar in Bochum-Linden wechseln, um dort im Oktober 1960 meine Knappenprüfung ablegen zu können. Nach körperlicher Begutachtung durch den Steiger auf der ersten Schicht wurde ich vier kernigen Gedingeleuten (Akkordarbeiter) zugeordnet, die – mit einer riesigen Milchkanne voller Tee und Zitronenzugabe ausgerüstet – vor lauter Kraft kaum geradeaus laufen konnten. Ich ahnte nichts Gutes. Ich war ab sofort für die Verladung der wertvollen Magerkohle verantwortlich, die von den Kraftprotzen in einem abenteuerlichen Streb (halb-steile Lagerung) per Presslufthammer abgebaut wurde. Das Flöz war so eng, dass man sich vor dem Einstieg für die Arbeit in Rücken- oder Bauchlage entscheiden musste. Die Wetterführung war absolut mangelhaft. Notgedrungen musste man hin und wieder einen Pressluftschlauch lösen, um wieder etwas „Frischluft" zu bekommen.

Meine Ladestation befand sich in einer äußerst bruchgefährdeten Strecke; es knackte fast unaufhörlich. Ungefähr 80 Meter über mir dröhnten ohne Unterlass die Hämmer meiner tatendurstigen Kumpel.

Es geschah immer wieder, dass sich die klobigen Kohlebrocken im engen Flöz verfingen und einen Stau verursachten, so dass ich gezwungen war, durch eine Öffnung ein Stück nach oben zu kriechen, um diesen Stau zu lösen. Eines Morgens löste sich ein gewaltiger Stau so schnell und mit einer solchen Wucht, dass mein Zugang blitzartig verstopft und ich wie eine Ratte gefangen war. Mich überkam ein mulmiges Gefühl; guter Rat war teuer. In der Strecke unter mir war niemand. Ich musste also um jeden Preis nach oben. Es gab aber nur wenig Spielraum zwischen der gestauten Kohle und dem Hangenden (Gebirge oberhalb des Bergmanns). Ich wühlte mich mit aller Kraft zum zwei Meter entfernt gelegenen Luftrohr, welches nach oben führte. Dort gab ich Klopfzeichen mit meiner sechs Kilogramm schweren Handlampe. Doch vergeblich, niemand nahm sie wahr. Angst verleiht Flügel; so zog ich mich zentimeterweise am Rohr aufwärts und wiederholte die Klopfzeichen. Endlich – nach ungefähr einer halben Stunde schwiegen die Presslufthämmer über mir. Das war die Rettung! Der Rest war eine Kleinigkeit. Meine Kumpel trauten ihren Augen nicht: Sie waren ganz sicher, den Berggeist persönlich vor sich zu haben. – Glückauf!

Dieter Soltysik, Bochum

Sturz in den Blindschacht

Es war der 4. Dezember 1956, Tag der Schutzpatronin der Bergleute. Wir sechs Berglehrlinge, alle 16 bis 17 Jahre jung, arbeiteten unter der Aufsicht von Steiger und Meisterhauer in der Bandstrecke. Die aus dem Streb kommende Kohle wurde über das Förderband in eine Wendel geleitet, die in einem Blindschacht eingebaut war. Dieser senkrechte Schacht war 40 Meter tief und diente als Verbindung unserer Bandstrecke mit der sechsten Sohle. Hier wurde die Kohle aus der Wendel kommend verladen und zum Hauptschacht gefahren. Der Blindschacht diente auch der Materialförderung und war oben doppelt gesichert mit einer Klappe aus Holzbohlen und einem Gittertor.

Gleich zu Anfang der Schicht lief der Berglehrling Alfred an mir vorbei, zurück zum Blindschacht mit der Bemerkung, er habe seine Lampe vergessen. Dieses war nachvollziehbar, weil die Bandstrecke sehr gut beleuchtet war. Wir hatten damals noch keine Kopflampen, sondern schwere Akku-Lampen, die wir am Gürtel oder am Arschleder festhakten.

Nach etwa zehn Minuten läutete das Telefon und der Lader von der sechsten Sohle schrie fassungslos: „Hier liegt einer im Schachtsumpf, der ist wohl abgestürzt.“ Wir kletterten zu dritt den Schacht hinunter und fanden dort den Lehrling, der an mir vorbei gelaufen war, um seine Lampe zu holen. Er war 40 Meter abgestürzt, natürlich besinnungslos, aber er atmete noch.

Zwischenzeitlich hatte der Lader einen Notruf abgegeben. Zwei Grubenwehrleute kamen mit Lok und Wagen und brachten den Verletzten zu Tage. Die sofortige Nachforschung ergab, dass oben am Schacht sowohl das Eisengitter als auch die Holzklappe entgegen aller Vorschriften offen waren. Die Lampe stand auf einem Holzbalken. Als der Junge im Halbdunkel danach griff, trat er ins Leere und stürzte ab.

Etwa drei bis vier Wochen später glaubte ich, in der Straßenbahn in Duisburg-Beek ein Gespenst zu sehen. Es war Alfred, mit einer Hand in Gips. Meine Frage, wie es ihm gehe, kam sicherlich ziemlich stotternd heraus. Er sagte, dass es ihm gut gehe, er habe sich bei dem Sturz nur einen Daumen gebrochen.

Die Verhandlung der Bergbehörde über den Hergang des Unfalles ergab, dass Alfred im freien, vor allem geraden Fall abgestürzt war. Hätte er links oder rechts den Holzausbau berührt, wäre es mit Sicherheit zum mehrfachen Aufschlag des Körpers gekommen, was wohl zu tödlichen Verletzungen geführt hätte. Und ein zweiter glücklicher Umstand bewahrte unseren Kumpel vor dem sicheren Tod. Im Schachtsumpf lag eine schräggestellte Stahlplatte, die durch die Ladearbeit mit einer etwa 80 Zentimeter dicken Schicht aus Feinkohle bedeckt war. Er fiel also in diese Feinkohle und rutschte dann auf der schrägen Stahlplatte nach ganz unten.

Wie gesagt, es war der 4. Dezember, der Tag unserer Schutzpatronin St. Barbara.

Hartwig Pietsch, Mülheim an der Ruhr

Als mein Papa starb

Meine Erinnerung geht zurück bis 1926. Die Sirenen der Schachtanlage „Radbod" heulten in schrillen Tönen, ein Unfall in der Zeche Radbod wurde gemeldet. Ich war gerade sechs Jahre alt.

Meine Mutter zog ihren Wintermantel an und gab mir auch eine dicke Jacke. Es war im Februar 1926.

Wir liefen zur Schachtanlage. Auf der Straße kamen noch viele Frauen auch mit Kindern, die alle zur Zeche wollten. Das große Zechentor war schon geschlossen als wir ankamen. Unruhe und Angst machten sich laut bemerkbar. Manche Frauen weinten, sie dachten wohl an das große Unglück von 1909, als über 300 Bergleute verunglückten und starben. Den toten Bergleuten wurde damals auf dem Ehrenfriedhof im Dorf Hövel ein ergreifendes Denkmal gesetzt.

Wir standen alle am Zechentor und warteten auf eine Meldung. Bald kam auch ein Steiger und sagte: „Es ist ein Brand auf der vierten Sohle, der bekämpft wird. Gott sei Dank haben wir nur vier leicht Verletzte zu beklagen, die schon ins Krankenhaus zur Behandlung gebracht wurden." Dann nannte er die Namen der Verletzten, mein Papa war auch dabei. In gedrückter, trauriger

GE
A W 111

Ein Leichenwagen auf der Schachtanlage:
Durch einen Strebbruch wurden am
16. Februar 1984 auf der Zeche Consolidation in Gelsenkirchen fünf Bergleute getötet.
Die Rettungsmannschaften (Bild unten)
konnten fünf weitere Bergleute (Bild oben) unverletzt bergen

Stimmung löste sich die Versammlung der Angehörigen von den Bergarbeitern auf. Meine Mama weinte still vor sich hin, ganz fest hielt sie mich an der Hand, es tat mir richtig weh, ich war auch ganz still.

Gegen Abend kam ein Steiger zu uns ins Haus. „Frau Picker", sagte er, „Ihr Mann wird im Marienkrankenhaus in Hamm behandelt, es wird wohl eine Zeit dauern bis zur Genesung. Wir werden Sie in jeder Weise unterstützen, alles Gute für Sie und Ihre Kinder."

Doch die Kopfverletzung meines Vaters war schlimmer als gedacht. Am Karfreitag 1926 starb unser lieber Papa. In dieser Zeit habe ich nicht alles begriffen, was so im Leben vorkommt. Meine Mutter hat uns drei Mädchen so im Laufe der Jahre um 1930 noch vieles erzählt.

Die Familien der verunglückten Bergleute bekamen von der Verwaltung der Zeche Radbod einen Geldbetrag, um die größte Not überstehen zu können. Wie viel meine Mutter bekommen hat, weiß ich nicht. Sie hat das Geld zur Sparkasse gebracht, es sollte mal eine Hilfe für uns drei Kinder im Berufsleben werden. Doch bald danach kam die Wirtschaftskrise. 1929 war der „schwarze Freitag" im November, meine Mutter bekam kein Geld auf der Sparkasse. Das Geld war weg. Unser Papa fehlte uns so sehr.

Auch auf Radbod spürte man die Krise, die Belegschaft sank von 4.000 auf 2.400 Mann. Die Zahl der Arbeitslosen stieg. Man sprach von einem „grauen Elend".

Mathilde Sankowski, Velbert

Vater starb an meinem achten Geburtstag

Meine erste reale Konfrontation mit dem Steinkohlenbergbau in Herne war ein sehr erschütterndes Ereignis, welches mich heute nach mehr als 40 Jahren noch immer sehr beschäftigt.

Es war der 29. September 1967, der Tag vor meinem achten Geburtstag. Die Frühschicht war um 6 Uhr auf der Schachtanlage Shamrock 1/2/6/9 eingefahren. Unter anderem gehörte auch mein Vater, Hans-Werner Harder, zur Morgenschicht. Er war mit drei weiteren Kumpel vor Ort in der Kohlengewinnung von Hand, steile Lagerung beschäftigt, als sich gegen 11.30 Uhr das größte und letzte Grubenunglück in den sechziger Jahren auf der Schachtanlage ereignete. Ein Strebbruch gigantischen Ausmaßes riss meinen Vater und seine drei Kumpel in den Tod. Vater war 34 Jahre jung, die anderen Mitarbeiter waren ebenfalls erst Anfang 30. Mein Vater war 17 Jahre als Bergmann unter Tage tätig, im Alter von 17 Jahren hatte er seine Heimatstadt Rendsburg in Holstein in Richtung Ruhrgebiet verlassen und auf der Zeche angelegt.

Besonders dramatisch: Unsere Väter konnten auf Grund des verheerenden Ausmaßes des Unglücks erst nach drei Monaten von den Bergungsmannschaf-

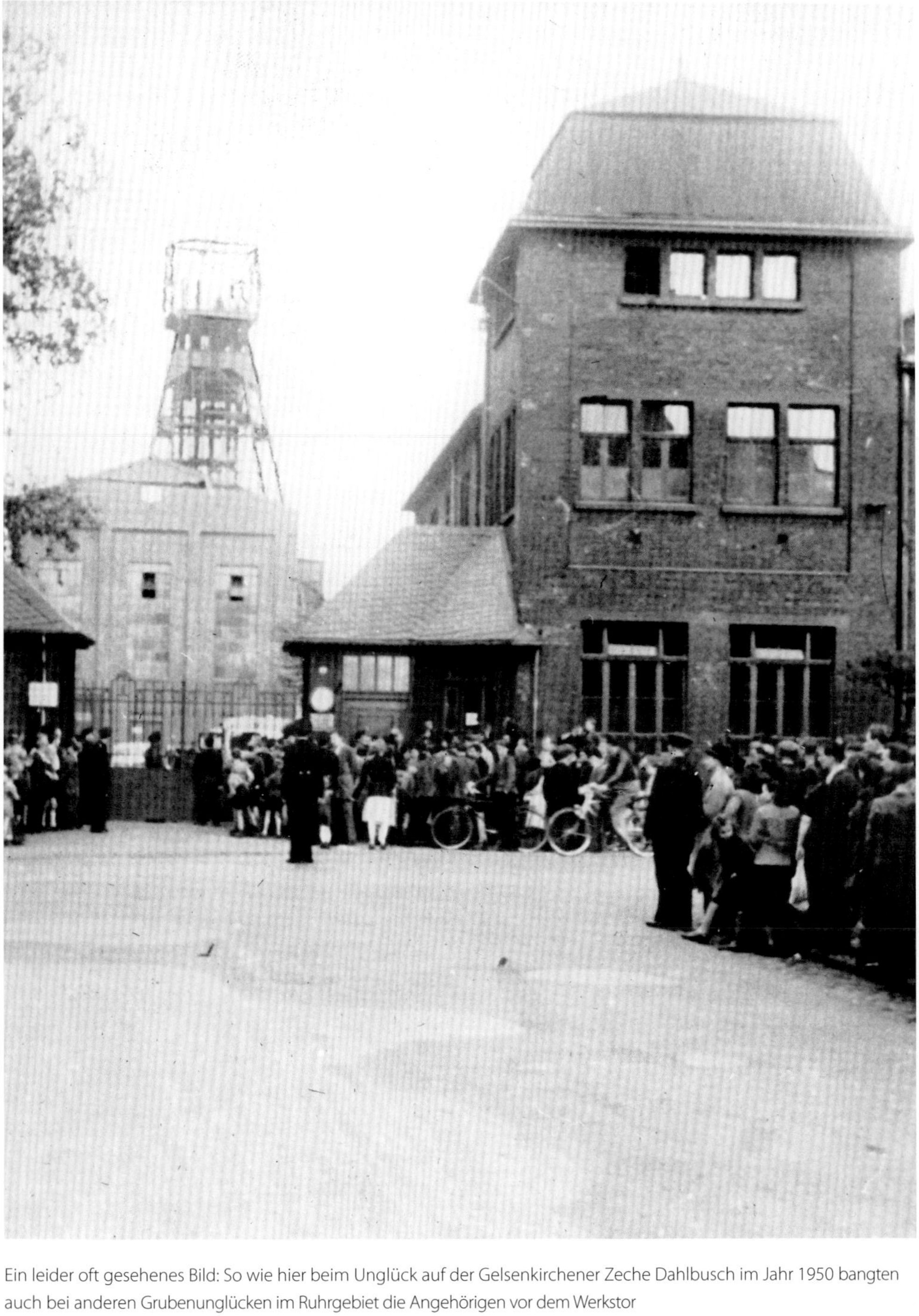

Ein leider oft gesehenes Bild: So wie hier beim Unglück auf der Gelsenkirchener Zeche Dahlbusch im Jahr 1950 bangten auch bei anderen Grubenunglücken im Ruhrgebiet die Angehörigen vor dem Werkstor

ten der Grubenwehr geborgen werden. Bei einer unbewetterten Gebirgstemperatur von etwa 60 Grad Celsius und enormem Gebirgsdruck in etwa 800 Metern Teufe konnte mein Vater nur noch an seinem Goldzahn identifiziert werden.

Am 3. Dezember 1967 fand die Beerdigung auf dem Wiescherfriedhof in Herne statt. Die Grabstätte ist selbstverständlich auch heute noch erhalten, eine große Bergmannsstatue (knieend mit einer Grubenlampe in der Hand) auf einem Steinsockel gehört zu der Grabanlage, auf welcher insgesamt elf verunglückte Bergleute der Zeche Shamrock unfreiwillig ihre letzte Ruhestätte fanden. Die Bergleute hinterließen Frauen und insgesamt acht Kinder.

Michael Harder, Herne

Dahlbusch

Er starb an meiner Stelle

Erinnerung an den 20. Mai 1950

Es war an einem Wochenende im Mai 1950. Ich arbeitete zu dieser Zeit als Schlosserlehrling im Untertagebetrieb der Zeche Dahlbusch in Gelsenkirchen-Rotthausen.

Die Grubenhandwerker kamen nach getaner Arbeit aus den Revieren zurück in den Lokschuppen und verstauten ihre Werkzeugtaschen in die hier vorhandenen Schränke. Bevor es dann zum Schacht zur Ausfahrt ging, noch ein kurzer Blick auf den Schichtenplan für die nächste Woche. Ich sah, dass ich mit meinem Kumpel Ernst (mein Lehrgeselle) wieder Frühschicht hatte.

Dann hörte ich hinter mir eine Stimme: „Ich soll auf Nachtschicht, kommt gar nicht in Frage." Es war Siegfried, ein Kollege, mit dem bin ich die letzten zwei Jahre nach dem Krieg zur Schule gegangen war. Ich sah, wie er auf den in der Nähe stehenden Maschinensteiger zuging. „Hallo Steiger", waren seine Worte, „ich bin noch keine 18 und darf deshalb noch keine Nachtschicht machen."

Da kam der Maschinensteiger auf mich zu und sagte: „Also Günter, dann gehst du in der nächsten Woche mit dem Jupp auf Nachtschicht." Meine Stimmung war natürlich auf dem Nullpunkt, aber ich musste mich fügen. Siegfried grinste ein wenig und war mit sich zufrieden, dass er es geschafft hatte, auf Frühschicht zu bleiben. Ich musste dann in den folgenden Wochen mit Jupp auf Nachtschicht im Ostfeld Dichtungen an der 300er Luftleitung auswechseln.

Am Samstagmorgen, dem 20. Mai 1950, lag ich nach der Arbeit daheim müde in meinem Bett, als es am Fenster rappelte und die Türklingel ging. Nach dem Öffnen der Tür hörte ich nur: „Wo ist der Günter, isser aufm Pütt, da soll ein Unglück passiert sein."

Man war froh, als ich im Schlafanzug zu sehen war.

Als ich dann abends meine Schicht beginnen wollte, durften wir nicht anfahren, und wir erfuhren, dass es im Revier 7 eine furchtbare Schlagwetterexplosion gegeben hatte, bei der viele Bergleute verunglückt waren.

Mein Schulfreund Siegfried, mit dem ich die Schicht wechseln musste, war mit meinem Lehrgesellen Ernst an diesem Samstagmorgen im Revier 7 Flöz Ernestine in der Kopfstrecke, wo sie eine Luftleitung abdichten sollten. Aber noch ehe sie mit der Reparatur begannen, gab es unten in der Ladestrecke am Strebeingang diese Schlagwetter- und Kohlenstaubexplosion. Die gewaltige Druckwelle, die nun durch Streb und Strecke raste, tötete Siegfried. Er starb durch einen Lungenriss.

Später stand ich oft vor seinem Grab. War es Schicksal? Ich fand keine Erklärung.

Günter Knura, Gelsenkirchen

Trauerfeier auf dem Gelände der Gelsenkirchener Zeche Dahlbusch am 25. Mai 1950.
Im Hintergrund weht die Bundesflagge auf dem Förderturm auf Halbmast

Eine mit Sauerstoffgeräten ausgerüstete Rettungsmannschaft trifft am 21. Mai 1950 auf Zeche Dahlbusch ein

Vor dem Haupttor der Zeche Dahlbusch am 21. Mai 1950: Noch warten Bergleute und Familienangehörige auf Nachrichten

Ergreifende Szenen spielten sich während der Trauerfeier für die 78 Toten des Unglücks auf der Zeche Dahlbusch am 25. Mai 1950 ab

Vor der Zeche Dahlbusch am 3. August 1955: Wieder ist es zu einem schweren Unglück gekommen, ein Krankenwagen verlässt mit verletzten Bergleuten das Zechengelände

Trauerfeier für die Toten des Unglücks auf der Zeche Dahlbusch vom 3. August 1955: Bundespräsident Theodor Heuss spricht den Angehörigen der 42 Toten sein Beileid aus

Drei Tage im August

Drei Tage im August
seid ihr noch angefahren;
drei Tage im August
vor fünfunddreißig Jahren.

Am Dahlbusch war`s, im Hibernia-Feld,
da kam der Tod ganz leise;
da starb wohl keiner wie ein Held,
ein jeder nur auf seine Weise.

Nur Dunkelheit – kein Licht;
der Tod kam in Sekunden,
die Retter erst nach Stunden;
und euer Sterben sah man nicht.

Da war kein Jagen, keine Hast,
die Seile zogen hoch die tote Last;
letzte Seilfahrt – die Lampen hell,
langsam, Maschinist, fahr nicht so schnell.

Auf Brettern hart
in der Halle aufgebahrt;
siebenundzwanzig Mann,
die jeder noch mal sehen kann.

Die anderen für immer ungeborgen,
ihre Namen längst verweht;
doch die Hoffnung auf ein bess`res Morgen,
immer wieder neu entsteht.

Hier steh´ ich nun
wo siebenundzwanzig Kumpel ruh´n;
hinter schwarzen Friedhofsgittern
siebenundzwanzig Kreuze, die verwittern.

Horst Bütow, Essen

(Zur Erinnerung an das Dahlbusch-Unglück vom 3.8.1955)

Glücksmoment: Nach fünf Tagen konnten drei Bergleute geborgen werden, die auf der Zeche Dahlbusch in 800 Meter Tiefe eingeschlossen gewesen waren. Möglich wurde die am 12. Mai 1955 geglückte Rettung durch den ersten Einsatz der so genannten Dahlbuschbombe, einer etwa 2,50 Meter langen, torpedoförmigen Rettungskapsel, die auf Grund ihres geringen Durchmessers durch eine senkrechte Bohrung zu den Verschütteten heruntergelassen werden konnte.

Weinende Ehefrauen vor der Zeche Dahlbusch am 3. August 1955

Rechte Buchseite:
Die Westdeutsche Allgemeine Zeitung trauerte mit der Region um die Toten des Unglücks auf der Zeche Dahlbusch vom 3. August 1955

EINZELPREIS 20 PF / NR. 179
VERLAGSORT ESSEN

FREITAG, 5. AUGUST 1955
BUNDES-AUSGABE

WESTDEUTSCHE
ALLGEMEINE

Die unabhängige Zeitung des Ruhrgebiets

41 Tote auf Zeche Dahlbusch

Rettungsaktion eingestellt

25 Bergleute konnten nicht geborgen werden

WAZ GELSENKIRCHEN, 4. August

Bisher insgesamt 41 Tote und 21 noch im Krankenhaus liegende Verletzte forderte das zweite schwere Nachkriegsunglück auf der Schachtanlage Dahlbusch 2/5/8 in Gelsenkirchen-Rotthausen. 16 Bergleute konnten tot geborgen werden. Die Rettung von 25 Bergleuten mußte am Donnerstag als aussichtslos und wegen der großen Gefahr für die Rettungsmannschaften aufgegeben werden. Die Trauerfeier wird voraussichtlich am Sonntag stattfinden. Im Mai 1950 waren auf Schacht 6 derselben Zeche 78 Bergleute bei einer Schlagwetterexplosion ums Leben gekommen, 1943 bei einem ähnlichen Unglück 37 Bergleute.

Die Ursache der Explosion, die sich, wie bereits gemeldet, Mittwoch gegen 17.30 Uhr zwischen der zehnten und elften Sohle von Schacht 8 ereignete, ist nach Mitteilung der Zechenleitung bisher ungeklärt. Die Wetterführung sei intakt gewesen. Der Entschluß, die Rettungsarbeiten abzubrechen, sei in voller Einmütigkeit von den anwesenden Vertretern der Bergbehörde, der parlamentarischen Grubensicherheitskommission, der Hauptstelle für das Grubenrettungswesen und der Zechenleitung gefaßt worden.

Die IG Bergbau erklärte zu dieser Verlautbarung, daß sie glaube, zu den zuständigen Stellen zu gehören. Sie sei zu der entscheidenden Sitzung jedoch nicht hinzugezogen worden. Gegen ein solches Verfahren lege sie schärfsten Protest ein und behalte sich weitere Schritte vor.

In einem Beileidstelegramm an den Gelsenkirchener Oberbürgermeister Geritzmann (MdB) versicherten der SPD-Vorsitzende Ollenhauer und sein Stellvertreter Mellies: „Das neue furchtbare Unglück wird uns veranlassen, im Parlament darauf zu drängen, daß alle Sicherheitsmaßnahmen durchgeführt werden, um solchen Unglücksfällen vorzubeugen." Auch die CDU erklärte, das neue Unglück sei Anlaß dafür, die Sicherheitsvorkehrungen sowie die besonderen Verhältnisse auf der Zeche Dahlbusch eingehend zu überprüfen.

Die Untersuchung der Bergbehörde beginnt am Freitag. Die parlamentarische Untersuchungskommission will ihre Tätigkeit am Samstag aufnehmen. Die Belegschaft, die am Donnerstag nicht angefahren ist, wird am Freitag die Arbeit wiederaufnehmen.

In Telegrammen an die Zechenleitung und die Angehörigen der Toten sprachen der Bundespräsident, der Bundeskanzler, Bundesarbeitsminister Storch, Landtagspräsident Gockeln, DGB-Bundesvorsitzender Walter Freitag, Präses D. Wilm und zahlreiche ausländische Diplomaten ihr Beileid aus.

Siehe auch Kommentar auf Seite 2 und ausführliche Berichte auf der Seite „Aus dem Westen".

Den schweren Gang zum Zechentor

mußten viele Angehörige der verunglückten Bergleute am Donnerstag antreten. WAZ-Bild: Werner Ebeler

Dicke Rauchschwaden quollen noch am Donnerstag aus dem Wetterschacht der Zeche Dahlbusch. dpa-Bild

Flugzeugabsturz in den USA fordert 30 Todesopfer

ROLLA (Missouri), 4. August

Beim Absturz eines amerikanischen Verkehrsflugzeuges vom Typ „Convair" kamen am Donnerstag im Staate Missouri 30 Insassen der Maschine ums Leben. Das Unglück ereignete sich südwestlich von St. Louis, wo die Maschine in einen Wald stürzte und sofort in Flammen aufging. (dpa)

Sowjetnote enthält kein Wort über die Wiedervereinigung

Blücher antwortet in Berlin - Erklärung nach Eingang der Note abgeändert

Von unseren Korrespondenten

BONN/BERLIN, 4. August

In der neuen sowjetischen Note an die Bundesregierung, deren Text am Donnerstag in Bonn veröffentlicht wurde, ist mit keinem Wort von der deutschen Wiedervereinigung die Rede. Als Thema für die Besprechungen mit dem Bundeskanzler in Moskau wird lediglich — wie bereits berichtet — die Herstellung diplomatischer, handelspolitischer und kultureller Beziehungen genannt. Als Antwort hierauf unterstrich Vizekanzler Blücher am Donnerstag in einer Regierungserklärung in Berlin den Wunsch der Bundesregierung, die Wiedervereinigung ohne jeden Umweg zu erreichen.

Blücher, dessen Rede nach Eingang der Note abgeändert worden war, lehnte entschieden alle Versuche ab, an Stelle von verbindlichen Gesprächen der Verantwortlichen zu nichts führende „Umwege oder Irrwege" zu gehen. Ein „gesamtdeutsches Gespräch" könne niemals die verantwortlichen Handlungen der vier Mächte ersetzen. Zu dem bevorstehenden Moskauer Gespräch Dr. Adenauers sagte Blücher, es sei sicher, daß der Bundeskanzler mit vollem Willen nach einer Normalisierung der Beziehungen zur Sowjetunion strebe.

Der Vizekanzler unterstrich auch die Bereitschaft der Bundesregierung, alle Maßnahmen zur Erleichterung des geistigen und materiellen Austausches zwischen der Bevölkerung der beiden Teile Deutschlands zu treffen. Als ein besonderes Anliegen bezeichnete Blücher die Freilassung der noch in der Sowjetunion zurückgehaltenen Kriegsgefangenen.

Fortsetzung auf Seite 2

Fußgänger erhalten „Vortritt"

. . . an bestimmten Straßenkreuzungen

WAZ BONN, 4. August

An bestimmten Straßenkreuzungen werden die Fußgänger zukünftig unbedingten „Vortritt" haben. Das sieht eine jetzt im Bundesverkehrsministerium ausgearbeitete Ergänzung der Straßenverkehrsordnung vor. Die betreffenden Straßenübergänge sollen durch neuartige, gelbblinkende Kugellampen gekennzeichnet werden, die auf 2 m hohen Pfosten angebracht sind. Der Zebrastreifen wird beibehalten.

Die Verordnung soll dem Bundesrat etwa Mitte September zugeleitet werden, damit sie Anfang Oktober in Kraft treten kann.

*

Noch 40 000 Wohnungen für Bergleute fehlen im Bundesgebiet, stellte der Vorsitzende des Wohnungsbauausschusses im Bundestag, Lücke, auf einer Informationsreise durch das Ruhrgebiet fest.

Mehr als 50 000 Menschen kamen bis Donnerstag abend zum Schloß Nymphenburg bei München, wo der verstorbene Kronprinz Rupprecht aufgebahrt wurde.

Heinz Krekeler, deutscher Botschafter in Washington, stattete nach Beendigung seines Urlaubs in der Bundesrepublik Bundeskanzler Adenauer am Donnerstag in Mürren einen Abschiedsbesuch ab.

Die CDU (Saar) hat zu ihrer Gründungsversammlung am Sonntag Bundeskanzler Adenauer eingeladen.

Die europäische Saarkommission wird voraussichtlich am Samstag in Saarbrücken zusammentreten, um die Beschwerden zu prüfen, die inzwischen von verschiedenen Parteien an der Saar bei ihr eingegangen sind.

Die Genfer Konferenz der Außenminister der vier Großmächte werde voraussichtlich am 3. Oktober beginnen, verlautete am Donnerstag von sowjetischer Seite in Ost-Berlin.

Eine Koexistenz zwischen Süd- und Nordkorea sei möglich, erklärte Präsident Singman Rhee in Seoul, wenn die Kommunisten sich südlich des 38. Breitengrades zurückzögen.

Mit Bomben und Maschinengewehrfeuer belegt wurde der britische Frachter „Inchwelles" beim Einlaufen in den rotchinesischen Hafen Futschau, wie er am Donnerstag durch Funk meldete. (WAZ dpa/ap)

Rücksichtsvolle Verkehrsteilnehmer mit Schokolade belohnt

HANNOVER, 4. August

Mit „süßen Belohnungen" überraschte das Ordnungsamt Hannover am Donnerstag 100 Verkehrsteilnehmer, die sich an den Fußgängerüberwegen der Stadt durch besondere Rücksichtnahme auszeichneten. An zehn Stellen beobachteten Mitarbeiter des Ordnungsamtes das Verhalten der Verkehrsteilnehmer an den Zebrastreifen. Dann überreichten sie den höflichen Kraft- und Radfahrern eine Tafel Schokolade mit einem schriftlichen Dank des Städtischen Ordnungsamtes. Mit dieser „Schokoladen-Aktion" will das Ordnungsamt alle auf die Bedeutung der Zebrastreifen hinweisen. (dpa)

„Bundesbeamtinnen müssen Hausarbeitstag bekommen"

KÖLN, 4. August

In einem Musterprozeß will der Deutsche Beamtenbund klären, ob der Bund seinen Beamtinnen einen bezahlten Hausarbeitstag je Monat gewähren muß. Der Beamtenbund erklärte am Donnerstag in Köln, daß sich das Bundesinnenministerium bisher weigere, den Hausarbeitstag einzuführen. In fast allen Ländern werde den weiblichen Angestellten des Bundes der Hausarbeitstag seit langem zugestanden. (dpa)

Fahndung nach Cernak-Attentäter bisher ohne Erfolg

FRANKFURT, 4. August

Die Fahndung nach dem Unbekannten, der am 4. Juli in Frankfurt das tödliche Sprengstoffpaket für den slowakischen Exilpolitiker Matus Cernak nach München aufgegeben hat, ist bisher erfolglos geblieben. Beamte des bayrischen Landeskriminalamtes haben in München und Frankfurt über 600 Vernehmungen vorgenommen und Spuren durch das ganze Bundesgebiet verfolgt. (dpa)

Sowjetunion erprobt neue Atomwaffen

WASHINGTON, 4. August

Die Sowjetunion hat die Erprobung von Atomwaffen wiederaufgenommen, gab die amerikanische Atomenergie-Kommission am Donnerstag bekannt. Aus der Mitteilung geht nicht hervor, ob es sich bei dem sowjetischen Versuch um die Erprobung einer Atom- oder einer Wasserstoffbombe handelte. (ap)

„Lösung der deutschen Frage ist möglich"

. . . erklärt Bulganin – Hoffnung auf Außenministerkonferenz

Berichte unserer Nachrichtendienste

MOSKAU, 4. August

Die Möglichkeiten zur Lösung der Deutschlandfrage seien nicht erschöpft, betonte der sowjetische Ministerpräsident Marschall Bulganin vor über 1300 Abgeordneten beider Kammern des Obersten Sowjets am Donnerstag in Moskau. Bei der Lösung dieser Frage müsse jedoch die „reale Lage" berücksichtigt werden, daß zwei deutsche Staaten bestehen. Auf der bevorstehenden Außenministerkonferenz im Oktober in Genf könnten neue Möglichkeiten für eine Einigung in der Deutschlandfrage erörtert werden.

Der Ministerpräsident nannte den sowjetischen Vorschlag auf Herstellung diplomatischer, wirtschaftlicher und kultureller Beziehungen mit der Bundesrepublik einen „wichtigen Schritt", der positive Ergebnisse zeitigen könne.

Fortsetzung auf Seite 2

Frankreich für Abdankung des jetzigen Sultans von Marokko

PARIS, 4. August

Die französische Regierung beabsichtigt im Rahmen ihrer neuen Befriedungspolitik in Marokko, den vor zwei Jahren von ihr eingesetzten Sultan Ben Arafa zur Abdankung zu bewegen. Die Staatsgeschäfte sollen einem aus Stammesfürsten sowie religiösen und politischen Führern zu bildenden Regentschaftsrat übertragen werden. (ap)

Deutsche Saarpartei warnt vor Provokateuren

SAARBRÜCKEN, 4. August

Bei Abschluß der ersten Großkundgebung der Deutschen Sozialdemokratischen Partei (DSP) in Saarbrücken bat der Versammlungsleiter darum, nicht — wie in den bisherigen Versammlungen der Demokratischen Partei Saar (DPS) — das Deutschlandlied anzustimmen. „Wir haben sichere Informationen", sagte er, „daß hier im Saale Leute sitzen, die bestellt sind, im Anschluß daran ‚Die Fahne hoch' zu singen." Der DSP-Landesvorstand teilte ergänzend mit, daß es Zweck dieser Aktion sei, Handhaben für ein Vorgehen des saarländischen Innenministeriums gegen die deutschen Parteien zu schaffen (WAZ/dpa/ap)

Eisenhower: Zeit für Fernostkonferenz noch nicht gekommen

WASHINGTON, 4. August

Solange die Regierung in Peking als Angreifer in Korea durch die UNO gebrandmarkt sei, hätten die USA nicht die Absicht, die rotchinesische Regierung diplomatisch anzuerkennen, erklärte Präsident Eisenhower auf einer Pressekonferenz in Washington. Auf die Frage, ob eine Konferenz auf höchster Ebene über asiatische Fragen stattfinden solle, antwortete der Präsident, daß die Zeit für eine solche Konferenz noch lange nicht gekommen sei. (dpa)

Hiberniafeld 1956: Aufwältigungsarbeiten nach dem Grubenunglück vom 3. August 1955

Helfer bei der Grubenwehr

Am 11. September 1948 begann ich meine Berglehre; mit 16 Jahren kam ich nach Untertage auf der Zeche Dahlbusch in Gelsenkirchen-Rotthausen.

Am Samstag, den 20. Mai 1950, fand um 8.35 Uhr im Flöz Hugo, Revier 7, eine Schlagwetter-Kohlenstaub-Explosion statt. Durch diese Explosion starben sofort 58 Bergleute. Von den 64 Gasvergifteten starben weitere 20 Männer im Krankenhaus. Ich war zum Zeitpunkt des Unglücks in einem anderen Revier unter Tage. Dieses Unglück war der Anlass für mich, Mitglied der Grubenwehr zu werden.

Bei einem weiteren großen Unglück am 3. August 1955, einer Schlagwetterexplosion, mussten 42 Bergleute ihr Leben lassen. Die lange Zeit der Aufwältigungsarbeiten mit Sauerstoff/Kreislaufgeräten erforderte viel Mut, Ausdauer und Kondition. Während dieser Zeit musste sich der Kumpel auf den anderen hundertprozentig verlassen können. Die Kameradschaft war hervorragend.

Horst Müller, Essen

Vor Ort

1879 auf Mathias Stinnes in Essen-Karnap

Als Bergmann auf Graf Moltke hatte ich es im Gedinge um die Jahrhundertwende auf ganze 3,50 Mark je Schicht gebracht. Das war schon eine Menge gegenüber dem Lohn, den man 1879 zahlte, als ich als Bergeklauber auf Mathias Stinnes in Essen-Karnap mit 80 Pfennig für die achteinhalb Stunden dauernde Schicht begann. Als Schmierjunge gab es später eine Mark, als Pferdejunge unter Tage 1,60 Mark. Nach einem Wechsel auf Graf Moltke – 1882 – verdiente ich je Schicht schon zwei Mark, um mich im Gedinge gar auf 3,50 Mark zu verbessern.

Um fünf Uhr morgens begann damals die Schicht. Gut anderthalb Stunden dauerte der Fußweg nach Karnap, so dass es jeden Morgen um drei Uhr aufstehen hieß. Wir waren eine ganze Gruppe junger Leute, so fünfzehn, die gemeinsam zur Zeche gingen. Da wurde es nicht langweilig. Die Kaffeeflasche trug man in der Joppe, und wenn Namenstag war, wurde sie gespült und mit Klarem gefüllt. Das Pinnchen kostete damals fünf Pfennig, und der Doppelstöckige zehn.

Jeder Bergmann musste sich die Rüböllampe selbst beschaffen, bei deren offenem Licht auch unter Tage gearbeitet wurde. Die Sprengungen nahm man mit körnigem Schwarzpulver vor, das in Pulverschuppen gelagert und vom Ortsältesten für die Kameradschaft in Säcken zu fünf Pfund gekauft wurde. Er nahm es mit nach Hause. Bei der Seilfahrt am nächsten Morgen steckte er es unter das Hemd, um die Berührung mit dem Geleucht zu vermeiden.

Zündschnüre kannten wir damals nicht. Vielmehr wurden mit Feinpulver gefüllte Strohhalme durch einen mit Hilfe einer Kupfernadel freigehaltenen Kanal durch den üblichen Lehmverschluss des Bohrlochs eingeführt. Der Strohhalm war nach außen mit Siegellack verschlossen. Den machten wir in der Zeche ab, wickelten um das herausragende Stück Halm die „Schwefelmänner", das waren Wollfäden, die durch kochenden Schwefel gezogen waren. Sie wurden an der offenen Lampe angesteckt, brannten bis zum Strohhalm und entzündeten das Feinpulver darin, das die Schwarzpulverladung in den 1,50 Meter tiefen Bohrlöchern zur Explosion brachte.

In den Waschkauen gab es natürlich noch keine Brausen. Vielmehr waren große Becken aufgestellt, deren Oberfläche etwa zehn mal zehn Meter betrug. Darin säuberten sich die Bergleute nach der Arbeit. Wenn in heißen Jahren das Wasser knapp war, wurde es nicht einmal täglich erneuert. Die Silikose habe man bis zur Jahrhundertwende gar nicht gekannt, sie sei erst später aufgetreten.

In den 80er-Jahren, als ich auf Graf Moltke arbeitete, erlebte ich dort den großen Wassereinbruch mit. Wir mussten uns neue Arbeit suchen. Ich ging

Blick in die Lampenstube der Zeche Grimberg in Bergkamen, um 1938

nach Hugo, wohin der Weg nicht viel weiter war. Jeder sah, dass er es so bequem wie möglich hatte.

Meinem Sohn Richard, damals 16 Jahre alt, verdanke ich mein Leben. 1908, nach meiner Rückkehr auf Graf Moltke, überstand ich den wohl schwersten Unfall meiner an solchen Zwischenfällen reichen bergmännischen Laufbahn.

Richard war im gleichen Revier beschäftigt. Er hatte so eine Ahnung gehabt und besonders auf die Ausfahrt der Kumpel geachtet. Ich hatte mich gegen die Vorschrift auf einen vollen Kohlenwagen gesetzt und geriet zwischen diesen und den Streb. Geistesgegenwärtig war Richard zur Stelle und hielt den Haspel an, so dass ich mit schweren Rippenquetschungen, aber lebend davonkam.

Heinrich Boßler,
aufgeschrieben von Harald Neumann,
eingesandt von Werner Hille, Essen

Ausgabe der Grubenlampen auf der Zeche Gneisenau in Dortmund, 1950er-Jahre

Hektik in der Lampenstube

Geliebt habe ich die Zeiten in der Lampenstube. Hier wurden die zwölf Pfund schweren Lampen vom Lampenmeister und seinen Gehilfen gewartet. Die mit Magnetverschluss gegen unbefugtes Aufdrehen gesicherten Lampen bestanden aus dem Oberteil mit Lampenkuppel und Tragehaken und der schweren Batterie als Unterteil. Die Akkus mussten täglich auf Säurestand untersucht und in spezielle Ladegestelle eingesetzt werden. Das ganze nach acht Stunden wieder rückwärts.

Jeder Kumpel hatte seine Markennummer, gegen die er im Austausch vor der Anfahrt seine auch mit dieser Nummer versehene Lampe ausgehändigt bekam. Am Schichtende, nach der Ausfahrt, ging es umgekehrt.

Für die Arbeit an diesen Ausgabeschaltern wurden nur besonders fixe Lehrlinge eingesetzt. Denn das musste schnell gehen. Schon während der Drehung vom Schalter weg zur großen zwei- oder dreiflügligen Markentafel mit den vielen kleinen Häkchen zum Aufhängen der vier-eckigen Blechmar-

In der Lampenstube des Bergwerks Friedrich Heinrich in Kamp-Lintfort standen Regalwände mit eingebauten Akku-Ladestationen für etwa 2.500 Kopflampen, 1987

ken musste man die gesuchte Nummer im Blick haben. Bei längerem Suchen hätte es von der anderen Schalterseite her aus der Reihe der heranpolternden schwarzen Gestalten Protestrufe nach Ablösung dieser lahmen Ente gegeben.

Ich hatte den Ehrgeiz, möglichst oft zum Schalterdienst eingeteilt zu werden. Es war wie ein Rausch, in dieses dynamische Geschehen von Lärm und Geschwindigkeit eingebunden zu sein. Es waren ja gleichzeitig fünf oder sechs solcher Schalter in Betrieb. Dazu kam der unverwechselbare Geruch von verschwitzten Menschenleibern vermengt mit den säuerlichen Ausdünstungen der offenen Lampen.

Hans Blume, Oberhausen

„Ihr seit gut für Flöz Sonnenschein“

Ich, Jahrgang 1935, erlernte das Elektrohandwerk. Vater, als Konstrukteur für Förderkörbe und Stahlhochbau, meinte: „Junge, gehe in den Pütt, mach deinen Elektrosteiger, denn Bergbau hat Zukunft!“

Also bewarb ich mich bei den „Krupp Zechen“ in Bochum-Hordel. Nach Vorstellungen bei den „Bossen“, Elektrofahrsteiger, Elektroreviersteiger, Obersteiger, Betriebsführer auf „Hannibal“ musste auch noch der Betriebsrat zustimmen. Schwupp war ich in der Gewerkschaft, bis heute!

Also „legte“ ich am 1. August 1955 als Grubenelektriker auf Hannibal an.

Der Steiger (Oberschlesier), meinte aufgrund meiner geringen Größe: „Ihr seit gut für Flöz Sonnenschein“ (maximal zwei Fuß hoch). Aber für mich stand schnell fest, das ist nicht dein Ding!

Zur ersten Schicht begutachtete er mein privat ausgedientes Schuhwerk. „Hier habt ihr einen Schein, holt euch erst mal Schutzschuhe im Magazin.“ Mit Nägeln beschlagen, statt Größe 39 gab es nur 40. Da halfen nur dicke Socken. Ich glaube, die kosteten 13,– DM. Sie wurden in drei Monatsraten vom Lohn abgehalten!

Unsere Werkstatt befand sich über Tage. Also mussten wir unsere kleineren Ersatzteile und Glühlampen bei der Seilfahrt mit nach unten nehmen. Zu Anfang stand ich eng zusammen, Mann an Mann, mitten im Korb. Kam ich unten an, fehlten einige Glühlampen. Sie waren geschickt aus der Verpackung gezogen. Schnell begriff ich: Nur noch zuletzt einsteigen!

Irgendwann war ich auf Nachtschicht, es war, glaube ich, in Flöz Blücher, es waren starke Störungen im Gebirge. Die Bude wackelte und krachte. Plötzlich waren wir von oben eingeschlossen. Nach unten noch ein Loch von etwa 50 Zentimetern. Der Fahrhauer Jupp M.: „Keine Panik Kumpel, geht mal alle zur Seite, ich gehe jetzt zuerst durch, dann alle nacheinander herunter!“

Mutter war immer in Panik, wenn ich nicht pünktlich nach der Schicht zu Hause war. Es kam häufig vor, aufgrund

Querausbau beim Streckenvortrieb auf der Zeche Niederberg in Neukirchen-Vluyn, 1960er-Jahre

Auf der Hängebank der Zeche Ver. Kronprinz in Essen-Schönebeck, 1950er-Jahre

von Störungen im Betriebsablauf, dass man länger oder sogar „doppelt" arbeiten musste. Sie ging dann zum Zechentor (wer hatte denn Telefon?) und fragte, ob etwas passiert sei.

Am 1. September 1956 wechselte ich in den Öffentlichen Dienst. Die Lohneinbußen – etwa 30 Prozent – waren schmerzlich, aber ich war wieder am Tageslicht!

Irgendwann im Sommer 1957 ereilte mich die Nachricht, dass mein guter Kumpel und Freund Otto M. tödlich verunglückt sei. Er war zwischen Kohlewagen geraten. Für mich eine traurige Zeit.

Willi Fabry, Bochum

Auf dem Weg zur Lampenstube auf der Zeche Prinz-Regent in Bochum-Weitmar, 1959

Von oben kommt nix Gutes
Meine Geschichte beginnt 1954 und reicht bis etwa 1958. Es waren die letzten goldenen Jahre des Ruhrbergbaus. Ich war Schüler und arbeitete auf Zeche „Germania" in Dortmund-Marten. Dann, nach dem Abitur, ein halbes Jahr am Stück vor dem Studienbeginn, und später während der Semesterferien regelmäßig; alles in allem waren es zwei Jahre. „Germania" galt damals als modernste Zeche Europas, und wir waren alle ein bisschen stolz darauf. So war das eben damals. Heute ist sie längst stillgelegt. Doch der grüne Zechenturm ist heute das Wahrzeichen des Bergbaumuseums in Bochum.

Dann kam die erste Schicht. Am Markenhäuschen die Nummernmarke vom alten Invaliden, dem die Silikose schon die Luft abschnürte. Umkleiden in der Weißkaue. Aus Scham behielt ich meine Unterhose an. „Watt iss? Hasse keinen?" „Zeig ich aber nich jedem." „Musse aber, untere Dusche." Mit roten Ohren in der Schwarzkaue, „inne Arbeitsklamotten und aufn Platz." Holzstempel abladen, ohne Handschuhe. „Da weiße ahmst watte gemacht hast." Genau.

Später dann Hilfsschlosser, bei einem Schweißer. Der stand auf der Leiter und reichte an. Wenn dann trotz allem Bemühen die Schweißnaht nicht hielt und das Rohr von oben kam, lernte ich: Von oben kommt nix Gutes und zweitens, nicht nur glühende Eisen sind heiß, und drittens: Wenn Du sie dennoch aufhebst, lass sie schnell wieder fallen. Eine Lehre fürs Leben!

Später erholten wir uns auf einem Berg von Putzwolle, butterten und dösten ein. Als von Ferne eine Funzel heranschaukelte, weckte ich meinen Meister. Der blinzelte nur, drehte sich wieder zur Seite: „Musse Dir merk'n. Der Kumpel hat 'ne Lampe. Der tut Dir nix. Nur der Blitzer ann Helm. Dat issn Steiger. Da musse sofort ann Schraubstock unn wat mach'n!" Wieder eine Lebenslehre. Wenn ich dann später nichts zu tun hatte – ohne Ölkanne und Schraubenschlüssel war ich nicht mehr unterwegs.

Am Freitag nach Schichtende standen draußen vor dem Tor die Frauen, manche mit dem Kinderwagen, um auf ihre Männer zu warten; die Lohntüte vor der Kneipe retten. Dennoch waren die sieben Kneipen bis zum unweiten „Abzweig Marten" der Straßenbahn voll. Einige Kumpel schafften es irgendwie, ungesehen über den Zaun zu entkommen. Unvergesslich auch diese Eindrücke.

Christoph Lammich, Den Haag/NL

„Hinter der Hacke ist es duster"
Vorausschicken möchte ich, dass ich gern Bergmann gewesen bin. Das Zusammengehörigkeitsgefühl und die Kameradschaft unter Tage sind mir in guter Erinnerung. Ebenso die Arbeit als Kumpel vor meiner Anstellung als Steiger, weil diese Arbeit infolge der Abge-

Ein Wettersteiger prüft die Belüftung, Zeche König Ludwig, Recklinghausen, 1969

schiedenheit der Unter-Tage-Welt im Vergleich z. B. zu Fabrikarbeit über Tage weitgehend frei und selbstständig gestaltet werden konnte. Man hatte sein „Gedinge“ (bergmännisch für Akkord), das den nötigen Ansporn lieferte und war ansonsten sein eigener Chef. Der Steiger als Aufsichtsperson kam nur ein- bis höchstens zweimal in der Schicht vorbei (wenn er seine Aufsichtspflicht ernst nahm), grüßte mehr oder weniger freundlich mit „Glück auf“, sah nach dem Rechten und verschwand wieder.

Als Steiger sah das anders aus. Der Steiger hatte zwei Aufgaben, die konträr zueinander standen: Zum einen trug er in betriebswirtschaftlicher Hinsicht Verantwortung (die Förderung musste laufen), zum anderen war er für die Einhaltung der Sicherheitsbestimmungen (Bergpolizei-Verordnung, BPV) verantwortlich.

Wenn die Förderung stillstand, stand er unter dem Druck der Betriebsleitung, andererseits lief er Gefahr, sich bei Verstößen gegen die BPV strafbar zu machen. Es liegt in der Natur der Sache, dass man versucht war, die Beachtung der BPV nachrangig einzustufen, weil sie die Förderung ausbremste. Man handelte oft nach der alten bergmännischen Philosophie: „Hinter der Hacke ist es duster.“

Der „Alte“ (Betriebsführer) hätte für sicherheitstechnische Gründe bei einer Verzögerung in der Beseitigung einer Förderstörung wenig Verständnis gezeigt. Kein Steiger hätte es gewagt, bei Schichtende sein Revier zu verlassen und auszufahren, wenn die Förderstörung noch bestanden hat. Der „Alte“ hätte ihn zum Rapport zitiert und so „zur Sau gemacht“, dass ihm kein Helm mehr gepasst hätte. Die Kumpel sagten, es ginge nach dem Grundsatz: „Kohlen am Schacht oder Blut am Stempel!“

Aus der Sicht der Kumpel war eine Förderstörung längst nicht so dramatisch wie für den Steiger. Wenn die Schüttelrutsche oder der Panzerförderer still stand, stellte der Kohlenhauer seine Tätigkeit ein und wartete das Wiederanlaufen ab, während der Steiger mit dem „Rutschenbaas“ und den für die Förderung zuständigen Leuten fieberhaft an der Beseitigung der Störung malochten. Der Kohlenhauer hatte für diesen Fall zwar einen Anspruch auf Entschädigung, diese wurde ihm jedoch nur selten gewährt.

Hintergrund für diesen Leistungsdruck war der so genannte „Effekt“. Damit wurde die Zechenförderung pro Tonne verwertbarer Förderung je Mann und Schicht bezeichnet. Von diesem Wert war der Gewinn der (damals noch Einzelzechen-) Gesellschaften direkt abhängig. Das Streben nach Gewinnmaximierung führte ferner dazu, dass bei den monatlichen Abschlüssen der Gedingevereinbarung der Steiger unter Druck gesetzt wurde. Dem Steiger oblag die Ausarbeitung eines Gedingesatzes mit den betroffenen Kumpel, den er dem Betriebsführer zur Zustimmung

Das ging auch einem alten Markscheider so, den ich in der Nacht begleitete, wenn die Förderung ruhte und die Maschinen keine Erschütterungen hervorriefen, damit man präzise messen konnte. In einer Nacht klappt es einfach nicht so wie sonst, und als die Vermessung wiederholt werden musste, weil die Kontrolle nicht stimmte – der Markscheider arbeitet immer mit Kontrollen aus Sicherheitsgründen –, da rastete der verdiente Markscheider vollkommen aus! Er warf zuerst seinen Sicherheits-Helm auf den „Panzer" im Streb, das ist das eiserne Förderband, danach warf er den CO-Filter in den Kohlenstoß, die Kaffeepulle folgte und zuletzt versuchte er in das Mess-Stativ zu beißen! Aber das konnten wir dann doch verhindern. Wir lehnten ihn erst einmal an den Kohlenstoß, beruhigten ihn mit Geduld und gaben ihm einen Schluck aus der Kaffeepulle. Der junge Markscheider übernahm die Messung und ein Messgehilfe brachte den alten Markscheider später langsam zum Schacht, fuhr mit ihm über Tage und brachte ihn in die Waschkaue. Wir sprachen nicht im Büro über den Fall, aber der Markscheider ließ sich aus Altersgründen nach Übertage versetzen.

Lange, lange ist es her, und heute als Rentner höre ich noch manchmal in der Nacht die Zeichen der Anschläger bei

Vor der Seilfahrt auf der Schachtanlage Rheinpreußen des RAG-Bergwerks Rheinland, 1976

der Seilfahrt, sehe mich hinter dem Hängetheodolit in der Nacht im Kohlestreb liegen, gebe meinen Messgehilfen mit der Grubenlampe die bekannten Lichtsignale, aber dann wache ich auf. Es ist vorbei mit der Kohle, Glückauf!

Wilhelm Laszlob, Dinslaken

Der Hännes ging nicht, der schwebte

Am 1. April 1959 begann meine Berglehre; zunächst in Essen-Borbeck. Mit 16 Jahren kam ich nach Unter Tage zur Zeche Amalie, die dann Anfang der 60er-Jahre stillgelegt wurde. Wir wurden schließlich zur Zeche Mont-Cenis in Herne-Sodingen verlegt.

Unter Tage fiel mir auf, dass in der Nähe des Schachtes ein Mann herumlief, und alle waren so auf den Mann fixiert, dass ich mich wunderte: Warum? Der konnte machen, was er wollte. Der kam später zur Arbeit und konnte früher nach Hause gehen. Das war schon allerhand. Wenn man damals den Steiger sah, dann musste man ja schon bald auf die Knie fallen. Und wenn erst der Betriebsführer kam – das war ja schon halbe Kante Himmel. Aber dann lief da auf einmal jemand herum, der alle anderen an Anerkennung überragte. Selbst der Betriebsführer benahm sich mehr als ehrfürchtig vor diesem Mann.

So nach drei oder vier Wochen habe ich mich getraut, einen Kollegen zu fragen: „Wer ist das eigentlich?“ Da brüllte der Kollege: „Kennst du den denn nicht? Das ist der Hännes Adamik!“ Darauf frage ich ihn: „Und wer ist der Hännes Adamik?“ Der Kollege sagt: „Das war einer der großen Fußballspieler vom SV Sodingen.“

Der Fußballverein SV Sodingen spielte damals in der höchsten Spielklasse, der Oberliga West. Die Spieler arbeiteten fast alle auf Mont-Cenis. Das Glück-Auf-Stadion lag auf dem Zechengelände. Oft wurde nach dem Spiel in der Kaue von Mont-Cenis geduscht. Adamik kannte in Sodingen und Herne seinerzeit jedes Kind.

Und dieser Hännes, der ging nicht, der schwebte auf Mont-Cenis fast daher. Ich glaube, der war da schon nicht mehr aktiver Spieler, aber alle haben ihn unheimlich verehrt. Und dann kamen wir „Fremden“ aus Essen – und kannten den Adamik nicht! Als ich auch noch sagte, ich sei ein Anhänger von Rot-Weiss Essen, haben die mich fast verhauen.

Fritz Kollorz, Recklinghausen

Seilfahrt in den Tod

1955. Es waren die letzten Wochen vor der Schulentlassung im Schwarzwald, in Staufen im Breisgau. Berufsberater erschienen in den Klassenräumen, um uns Berufsmöglichkeiten aufzuzeigen. Zum ersten Mal hielt ich eine bebilderte Broschüre „Im deutschen Bergbau“ in den Händen. Sofort stand mein Entschluss fest: Da will ich hin! Meine Faszination für Stollen und Minen reichte schon länger zurück: Zusammen mit Schulfreunden haben wir alte Schwerspat- und Silberstollen in der Umgebung erkundet. Und nun fand ich genau das, was mich begeisterte.

Nachdem ich schnellstens meine Unterlagen losgeschickt hatte, wartete ich ungeduldig auf die Bestätigung der Aufnahme als Bergbaulehrling. Im März saß ich nur mit kurzer Lederhose, Windjacke und Sandalen ausgerüstet im Zug nach Essen-Heisingen. Mein Gepäck bestand allein aus einem kleinen Pappkarton mit Unterwäsche. Nach einer kurzen Untersuchung – zusammen mit anderen Jungen, die in allen Teilen der Bundesrepublik angeworben worden waren – ging es für mich dann weiter mit dem Zechenbus nach Bochum-Werne. Der Busfahrer hielt an und sagte: „Lauf dort die Straße runter zum Pestalozzi-Dorf in der Mark und melde dich beim Heimleiter."

Das Pestalozzi-Dorf war eine schöne kleine Siedlung mit neun Zweifamilien-Häusern. Eine so genannte Pflegefamilie, Pflegeeltern, nahm insgesamt sechs Berglehrlinge auf. Jeweils zu dritt belegten wir ein Zimmer im ersten Stock. Es ging ziemlich familiär zu. Wir mussten einmal in der Woche unsere Zimmerböden bohnern (mit Bohnerbesen und Mopp), ab und zu beim Kartoffelschälen helfen. Gelegentlich gehörten Gartenarbeit und Schuheputzen zu unseren Aufgaben. Wir durften das Haus nur von hinten, durch die Waschküche, betreten und mussten dort unsere Schuhe ausziehen. Wir durften uns alle zusammen zum Klönen, Platten- und Radiohören im Wohnzimmer aufhalten. Fernsehen gab es zu der Zeit nur in ein oder zwei Gaststätten in Bochum-Werne. Mir gefiel die familiäre Einbindung, nur fühlte ich mich in meiner Freizeit etwas eingeengt.

Die erste Schicht auf dem „Pütt" war auf der Zeche Amalia, Harpener Bergbau AG – das war nur wenige hundert Meter entfernt. Ab jetzt war ich Berglehrling, mit halbjähriger Probezeit für beide Seiten. Mir kam aber nie der Gedanke, irgendwann aufzugeben.

Die ersten Monate gehörten der Ausbildung in allen Sparten und Tätigkeiten über Tage, zum Beispiel auf dem Holzplatz: Hier ging es unter anderem um das Ausstemmen sogenannter Schwalbenschwänze in Vierkant-Hartholzbalken für den Schachtausbau. Dann kamen Schmiede, Schlosserei, Gleisbauarbeiten sowie Arbeiten im Materiallager. Hier wurde Material für die Grubenförderung auf Rungen- und Kohlenwagen zusammengestellt.

Danach schlossen sich Arbeiten über Tage an auf den Schachtanlagen Robert-Müser/Kaiser in Bochum-Werne und Neu-Iserlohn in Lütgendortmund. Auf Robert-Müser ging es ans Leseband. Mit schweren Vorschlaghämmern bewaffnet, standen wir Jungs – oft acht oder zehn Mann – uns an breiten Stahlglieder-Transportbändern gegenüber. Wir zertrümmerten große und mittlere Gesteinsbrocken und klaubten sie aus der

Kumpel der Zeche Friedrich Heinrich in Kamp-Lintfort beim Betreten des Förderkorbes

Bergleute der Zeche Erin in Castrop-Rauxel vor dem Förderkorb

Kohle, die über Förderwagen aus der Grube auf das Band gekippt wurden. Da wir in der Regel alle jung und kräftig waren, machte es uns nicht viel aus. Es war halt anstrengend und langweilig.

Auch Arbeiten im Landabsatz gehörten dazu. Wir mussten die Schieberklappen großer Eisenbahnwaggons über Hebel öffnen. Die abrutschende Kohle wurde dann auf Lastwagen verladen: die so genannte Deputatkohle für die Haushalte.

Freitags nahmen wir dann unsere in großen grau-weißen Bergmannhandtüchern eingerollte Arbeitskleidung auf dem Rücken tragend mit nach Hause. Montags ging es mit frischem Kleidungssack wieder zum Pütt. Meine Freizeitgestaltung bestand hauptsächlich aus dem Besuch ungezählter Tanzveranstaltungen in Bochum und Umgebung. Überall spielten Tanzkapellen: Für uns Jungs einfach pure Freude und Unterhaltung.

Meine erste Grubenfahrt war fast auch meine letzte! Während der ersten Monate auf „Amalia" konnte ich es gar nicht abwarten; ich wollte endlich runter in die Grube. Für die Anschläger am Hauptschacht war es strengstens verboten, uns Lehrlinge mit nach unten zu nehmen. Aber irgendwann hatte ich einen Anschläger so weit mürbe gemacht, dass er bereit war, mich kurz vor Schichtwechsel mit zur dritten Sohle zu nehmen. Oft hatte ich bei Arbeiten an der Hängebank das Ein- und Ausfahren der Bergleute mit ihren Berglampen und ihrem Gezähe in der Hand beobachtet. Auch der eigentümliche Geruch, der aus dem Schacht strömte, hatte eine verlockende Wirkung auf mich. Und nun stand ich neben dem Anschläger am Füllort am geöffneten Schachttor und war von allem fasziniert.

Eine große „Bahnhofsuhr", am First befestigt, erinnerte mich daran: Ich musste sofort wieder nach oben! Es war kurz vor dem Schichtwechsel und somit Personenseilfahrt. Die nächste Korbetage des Förderkorbs setzte vor, der so genannte Hampelmann (eine Sicherung) für das automatische Aufdrücken der Kohlewagen war eingelegt, und ich bückte mich und wollte schnell einsteigen, um nach oben mitzufahren.

Im selben Moment wurde ich mit einem gewaltigen Ruck am Jackenrevers erfasst und vom Anschläger zurückgerissen. Es war doch noch Produktionsförderung! Der Förderkorb sauste mit Schwung um eine Korbetage tiefer – ich wäre zermalmt worden!

Kreidebleich und schlotternd wurde ich vom Anschläger „zusammengefaltet". Er war von mir total enttäuscht. Kleinlaut saß ich dann in der Waschkaue und erzählte niemandem etwas davon und verdrückte mich nach Hause. Diesen Vorfall vergaß ich aber dann schnell.

Wir mussten auch Materialzüge für die Grubenfahrt zusammenstellen und lernten dabei das sichere An- und Abkoppeln der Kohlenwagen. Einem Freund aber wurde beim Verladen von

Schienen ein Fingerglied abgequetscht. Ein anderer trennte sich beim unvorsichtigen Anschleifen einer Reißnadel mit hart aufgelöteter Widia-Spitze ebenfalls ein Fingerglied ab. Er hatte in der Lehrwerkstatt die Nadel lässig nur mit einer Hand gehalten, dann schlug diese blitzschnell nach unten und der Auflageteller hatte einen zu großen Abstand zum Schleifstein. Dies geschah, obwohl wir laufend auf Gefahren und bergbauspezifische Unglücke hingewiesen und aufgeklärt wurden.

Grundsätzlich muss ich sagen: Die Kameradschaft unter uns Bergleuten und auch das Verhältnis zu unseren Ausbildern war sehr gut.

Dann begann meine lang ersehnte Ausbildung unter Tage. Den Knappenbrief habe ich mit Abschlussarbeiten unter anderem im Streb-/Streckenausbau, bei Gleisbauarbeiten, im Kohleabbau, in der Gezähehandhabung und bei Vor-Ort-Arbeiten erworben. Die Ausbildung zum Grubenelektriker mit Schulungen über Tage, zum Beispiel auf der Schachtanlage Mont-Cenis in Herne-Sodingen, schloss sich gleich an. Da anfangs nicht allzu viele Elektroarbeiten unter Tage anfielen, hatte ich das Glück, fast alle anfallenden Arbeiten unter Tage ausführen zu können.

Ich wollte ja nie in das so genannte Gedinge oder ständig vor Kohle arbeiten, war aber trotzdem – und für mich war das interessant – im ständigen Wechsel in verschiedenen Bereichen wie etwa im Kohleabbau, in der Richt- und Hauptstrecke und in der Übergabe mit der Pannschaufel tätig. Auch als Anschläger war ich eingesetzt. Das Anstrengendste als Anschläger am Füllort war, dass mit Muskelkraft erfolgende Auf- und Abdrücken der Kohlen-, Steine- und Materialwagen zum Förderkorb. Auch das ständige Aufrichten und Wiedereinfädeln entgleister Grubenwagen gehörte dazu.

In der Zeit als Anschläger am Blindschacht kam es in einer Schicht zu einem tödlichen Unfall. Es traf einen Freund und Kumpel von der Frühschicht an einem Montag.

Um zu verstehen, wie es zu dem tragischen Unfall kommen konnte, muss man die Betriebsabläufe kennen. Als Anschläger waren wir meist allein am Füllort. Mit dem Seilzug zum Signalhammer im Maschinenraum (zwischen 40 und 100 Meter über uns) waren wir mit dem Maschinisten verbunden. Zusätzlich verband uns ein Kurbeltelefon neben dem Schachttor. Die Vorschrift besagte: Jede Signaländerung – Produkt- oder Personenförderung – ist dem Maschinisten vorher über das Telefon anzukündigen. Erst danach wurde die akustische Signaländerung gegeben. Die Signale bedeuten: ein Schlag = Halt; zwei Schläge = auf; drei Schläge = ab; vier plus einen Schlag = Signal für Selbstfahrer. Nach der telefonischen Anmeldung gab man die Selbstfahrer-Signalfolge ein, und dann hatte man einige Sekunden lang Zeit, auf den

Kurbeltelefone und Signalanlagen sorgten – wie hier auf der Zeche Carl Funke in Essen-Heisingen (1952) – für eine Verbindung zwischen Unter- und Übertage

Korb zu gehen und das Gitter-Schachttor zu schließen. Der Maschinist seinerseits musste nach dieser Signalfolge entsprechend einige Sekunden lang warten, ehe er die Trommelbremse für die Seilfahrt löste.

Tatsache aber war, dass man oft – wenn eine längere Pause während der Produktförderung eintrat – den Korb einfach ohne telefonische Ankündigung beim Maschinisten betrat, dann von innen her das Signalseil griff und nur „auf" oder „ab" eingab.

Noch gefährlicher aber war, wenn man dieses Signal noch vor dem geöffneten Tor eingab, schnell in die Korbetage sprang und das Tor zuzog. Da der Maschinist ja nicht wissen konnte, dass Personenseilfahrt angesagt war, und der Förderkorb zudem auf den weiteren Etagen oft noch mit Kohle- oder Steinwagen beladen war, und da ferner der Maschinist routinemäßig nur beim Bewegen des Signalhammers schon die Bremsvorrichtung löste, sauste der schwere Korb somit sofort abwärts.

Als die leere Korbetage auf eine Sohle tiefer vorsetzte, wunderte sich der dortige Anschläger und wurde erst einige Zeit später durch heruntertropfendes Blut aufmerksam.

Was war geschehen? Grubenwehr und Kriminalpolizei rekonstruierten das Unglück. Demnach hatte der Kollege den Korb fahrlässigerweise wie erwähnt betreten, war von der Korbdecke erfasst, weitergeschleudert und getötet worden. Auch waren zu der Zeit zufällig die durch Pressluft angetriebenen Dynamo-Lampen vom Füllort zur Überprüfung. Nur die Grubenlampen hatten zur Ausleuchtung zur Verfügung gestanden.

Ich erfuhr erst bei der Seilfahrt auf Mittagsschicht von dem Unglück meines Kumpels, den ich hatte ablösen sollen.

Manfred Ren, Bochum

Stromschlag im Förderwagen

Im Lehrrevier galt es zuallererst, den Umgang mit Schaufel, Abbauhammer und schwerem Fäustel zu erlernen. Das war schwere Arbeit, die mir besonders zu schaffen machte, weil ich mit einem Hohlkreuz und einem Ansatz von Trichterbrust gesegnet war.

Das Lehrrevier war eine komplett eingerichtete Betriebsabteilung zur Kohlengewinnung. Nur kam es nicht so sehr auf Leistung, sondern auf Unterweisung an. Es lag etwa zwei Kilometer vom Schacht entfernt. Um Wegezeit und den Lehrlingen Kraft zu ersparen, gab es den so genannten Personenzug. Das waren leere Förderwagen, damals noch mit einem Volumen von nur einem Kubikmeter.

Jeder Wagen konnte vier Personen aufnehmen. Sie saßen dann eng zusammen gequetscht auf zwei passend geschnittenen Brettern. Diese wurden jedes Mal sorgfältig versteckt, damit sie für die nächste Fahrt wieder zur Verfügung standen.

Oft gab es nicht genügend Wagen. Wer keinen Platz bekommen hatte, musste zu Fuß gehen. Deshalb wurde in der Regel nicht gewartet, bis der Zug in seinem Haltebereich zum Stillstand gekommen und die elektrische Oberleitung mit 500 Volt Spannung abgeschaltet war. Schon vorher, die rote Warnlampe brannte noch, sprangen wir um die Wette in die heranrollenden Wagen. Um auch wirklich über den hohen Rand zu kommen, musste hoch gesprungen werden. So ist es auch mir nicht nur einmal passiert, das ich mit einem Ohr die noch nicht abgeschaltete Oberleitung berührt habe und durch den Stromschlag halb betäubt im Förderwagen landete.

Hans Blume, Oberhausen

Bergleute sind hart wie Stahl

Die Frühschicht ist zu Ende, nach dem Duschen geht's nach Hause zur Familie. Vom Auto zur Haustür sind es nur ein paar Meter. Der Duft von Königsberger Klopsen liegt in der Luft. Die liebe Frau öffnet schon die Haustür, aber ich sehe in kein freudiges Gesicht. Grubenwehralarm, verkündet sie zähneknirschend, ein Bussi auf den Mund und schon geht's wieder zur Dienststelle.

Der Oberführer teilt die Trupps ein, Gerät geschultert, Material mitnehmen und schleunigst zum Schacht. Vor Ort angekommen, wartet man schon auf die Grubenwehr. Trupp 1 und 2 machen sich für den Einsatz fertig. Arbeitsauftrag entgegennehmen, und schon sind wir unterwegs. Nach zwei Stunden werden wir abgelöst, jetzt erst einmal zwei Stunden ausruhen und buttern. Die Trupps sitzen sich gegenüber und ein jeder isst, was er mitgebracht hat, und es wird über Gott und die Welt geredet.

Plötzlich wird getuschelt. Der erste Mann spricht sein Gegenüber, den Hannes an. Hannes ist ein Bergmann durch und durch.

„Deine Brote duften aber gut."

Hannes antwortet kurz und knapp: „Grobe Leberwurst vom Bauer."

Der zweite Mann sagt: „Und so dick belegt."

Hannes antwortet: „Liebesheirat, meine Frau meint es gut mit mir."

Der dritte Mann sagt: „Ich hätte auch gern so eine Stulle."

Hannes antwortet: „Die reichen nur für mich, ich muss bei Kräften bleiben."

Der vierte Mann sagt: „Und Ben möchte auch ein Stückchen."

Hannes macht ein nachdenkliches Gesicht und schaut uns alle an, schreiend und fluchend springt er auf, verliert dabei seine Stulle, die sich Ben sofort schnappt und das Weite sucht.

Die ganze Truppe hielt sich vor Lachen den Bauch und einige haben sogar Tränen in den Augen.

Ben war eine Maus, und unser Bergmann aus Stahl hat Angst vor Mäusen.

So manches Mal erzählen wir die Geschichte anderen und müssen immer wieder herzlich lachen …

Ingo Laubner, Recklinghausen

Die pfiffigen Nager

Als Berglehrling unter Tage, in rund 800 Metern Tiefe, wurde ich recht bald von einem erfahrenen Bergmann darauf eingewiesen, meine mit Wurst oder Käse belegten Stullen, von meiner Mutter nach alter Bergleute Sitte in Butterbrotpapier und Zeitung gewickelt, nicht in die Jackentasche zu stecken und in der Strecke zurückzulassen, weil sie nämlich dort ein im wahrsten Sinne des Wortes „gefundenes Fressen" der vorhandenen Mäuse werden könnten. Meine Jacke hing immer an einem Draht in der Strecke, während ich mit weiteren Auszubildenden für sechs bis sieben Stunden in einem engen Streb („steile Lagerung") verschwand, um mit einem Presslufthammer Kohle zu lösen und Holzstempel zu schlagen. Natürlich hatte ich die Warnung des älteren Kumpels gespeichert; doch zunächst geschah nichts Außergewöhnliches. Doch eines Tages staunte ich nicht schlecht, als ich nach getaner Arbeit den knurrenden Magen erfreuen wollte: In meiner „Doppelten" befand sich ein kreisrundes Loch! Eine Maus hatte sich mitten hindurchgefressen, inklusive Papier! Mein Appetit war im Nu verflogen; guter Rat für die zukünftige Verhaltensweise war teuer, weil Butterbrotbehälter aus Plastik oder Metall Ende der fünfziger Jahre noch nicht „gängig" waren.

Ich kam dann auf die Idee, ab sofort meine Brote an feinem Schießdraht zu befestigen und in Armlänge Abstand an das Luftrohr im oberen Teil der Strecke zu hängen. Das war die ultimative Lösung, dachte ich. Wie sollte dort eine Maus hingelangen!

Allerdings hatte ich die Rechnung ohne die kleinen pfiffigen Nager gemacht. Ich war absolut sprachlos, als ich einige Tage später nach der Rückkehr aus dem Streb im Schein meiner Lampe wiederum ein kreisrundes Loch in der Stulle entdeckte. Wie hatte es wohl diese Maus geschafft, sich allen Hindernissen zum Trotz zu dem verlockenden „Festfraß" durchzuschlagen?

Nach langem Rätselraten gab es nur eine Erklärung. Sie hatte sich über die Aufhängung Zugang zum Luftrohr verschafft. Über das Rohr zu laufen, war eine Kleinigkeit. Am Schießdraht musste sie sich jedoch hinunter gleiten lassen; das war schon wesentlich anspruchsvoller! Also musste sie sich vom Brot in die Strecke fallen lassen. Unglaublich, aber wahr!

Der eine oder andere Bergmann entwickelte deshalb schon mal einzigartige Revanchegelüste. Doch diese Geschichten sollten nicht der Öffentlichkeit preisgegeben werden.

Dieter Soltysik, Bochum

Und Icksal tanzte

Sie arbeiteten fast nackt. Die Schicht war um eine Stunde verkürzt, wegen der Hitze tief unten. Kohle! Kohle! Für den Krieg 1941. Unter ihnen fremde Zwangsarbeiter, sie schufteten alle. Einer war dabei, sie nannten ihn Icksal.

Erste Grubenfahrt eines Ausbildungsjahrgangs auf der Zeche Adolf von Hansemann in Dortmund-Mengede, 1951

Er trug quer auf der Stirn eintätowiert das Wort Schicksal und war staatenlos, soll Tänzer gewesen sein.

Dubbeln! Pause! Zu etwa zehn saßen sie, schwarz, nackt, verschwitzt in der Runde. Einer rief: Icksal tanz! Und Icksal stand auf, tanzte, nackt und verschwitzt in ihrem Kreis. Tanzte und tanzte selbstvergessen zu ihrem rhythmischen Klatschen. Sie schrien und klatschten. Sie vergaßen Krieg und Kohle, Not und Gefangenschaft.

Diese Geschichte, diese Szene erlebte mein Vater 1941 unter Tage. Vater nahm oft für seine Kumpel, die im Lager wohnten, eine Doppelte (Dubbel) mehr mit.

Mein Vater

Müde kommt er nach Hause. Müde von der schweren Arbeit unten im Pütt. Seine Lidränder sind noch schwarz vom Kohlenstaub. Vor dem kleinen Spiegel in der Küche reibt er sie mit etwas Öl sauber.

Er, der sonst so gerne redet, kann jetzt nicht – ist ausgelaugt, total – nur noch müde, müde und hungrig.

Wir sitzen am Tisch und essen schweigend mit ihm.

Noch ein paar Worte hin und her, dann streckt er sich auf dem Küchensofa aus. Er schläft sofort.

Gegen vier will Vater noch in den Garten.

Rosemarie Schäfer, Dorsten-Lembeck

In der Menschenschmiede

Bilanz meiner Bergbauzeit

Aus wirtschaftlichen Gründen, nicht aus Passion bin ich im Bergbau gelandet. Ich wollte einfach nur der unsäglichen Not entrinnen. Es war eine schwere Zeit. Ein unbedarftes Landei fand sich in einer Großstadt wieder. Ein Riesenschritt. Vollkommen allein. Die Suche nach dem richtigen Weg steinig. Meine ganze Kraft galt dem Weiterkommen. Erst unter Tage habe ich Zuneigung erfahren, Kameradschaft (die immerwährende Gefahr schweißt zusammen). Ich habe viele Kumpel kennengelernt.

Hervorragende, Kluge – Dumme, Gebildete – Primitive. Das gleiche galt für das Aufsichtspersonal. Und hier meine ich die Steiger als erste Ansprechpersonen. Die Skala reichte von Schöngeist bis Sklaventreiber. Die Steiger waren die Herren im Revier. Sie nutzten es zum Teil weidlich aus. Im Laufe der Zeit änderte sich das Verhältnis zum Guten. Im Laufe der Kohlenkrise allerdings wurden Sprache und Klima rauer und rauer. Mit der Sprache im Bergbau konnte ich mich nie anfreunden. Der Bergbau hat mich emporgehoben – der Bergbau hat mich später allerdings fallengelassen.

Das große Verdienst des Bergbaus und des Ruhrgebiets mit seinen vielen wunderbaren Menschen war: In dieser Menschenschmiede wurde ich vom Untertanen zum überzeugten Demokraten geformt. Eine Erfolgsgeschichte.

31. März 1952

Letzter Schultag. Endlich frei. Endlich arbeiten und Geld verdienen. Ungeduldig hatte ich diesen Tag herbei gesehnt. Ungetrübt war dieser Tag aber nicht. Die Suche nach einer Lehrstelle war trotz eifrigem Bemühen und gutem Zeugnis ergebnislos geblieben. Bis Hameln hatte ich meine Suche ausgedehnt. Kein Meister wollte dieses schmächtige Kerlchen einstellen. Niemand vermutete in ihm einen wachen Verstand, übermäßigen Ehrgeiz und ein großes handwerkliches Geschick. Ein mitleidiger Bauer stellte mich dann als Knecht ein.

Kuhstall ausmisten, Hühnerstall säubern, Disteln in den Kornfeldern stechen, und das bei sengender Sonne bis zu zehn Stunden.

Mein Arbeitsleben hatte ich mir anders vorgestellt. Tief unglücklich ging ich meiner Tätigkeit nach. Verzweifelt suchte ich nach einem Ausweg. Der einzige Lichtblick in diesem tristen Leben – seit Kriegsende konnte ich mich wieder satt essen. Hunger war bisher mein ständiger Begleiter.

Juni 1952

Ein Besuch

An einem Sonntag (mein einziger freier Tag) hielten zwei Motorräder vor unserer Haustür. Verwundert schaute ich nach und erkannte unsere ehemaligen Nachbarn mit ihren Söhnen. Sie waren vor einigen Jahren umgezogen. Nach Begrüßung und Gespräch der Erwachsenen (Kinder hatten zu schweigen) hörte ich zum ersten Mal das Wort „Ruhrgebiet – Kohlebergbau“. Neugierig hing ich den Besuchern an den Lippen. Unablässig sprudelten meine Fragen. Arbeit – Verdienst (große Augen) – Arbeitszeiten – Unterbringung – Beköstigung – Freizeit usw. „Ruhrgebiet“. In dieses Paradies wollte auch ich.

Dass dieses Paradies auch Schattenseiten hatte, habe ich später schmerzlich verspürt.

20. Juli 1952
1. Reise
Mit einem kleinen, grauen Pappkarton. Inhalt: zwei Paar Socken, zwei karierte Hemden (am Kragen durchgewetzt), eine kurze Hose (geflickt), eine dünne Jacke, ein paar Kleinigkeiten. Meinen Konfirmationsanzug trug ich am Körper. Mit einer Fahrkarte (gestellt vom Arbeitsamt), zwei dünnen Scheiben Brot und viel Hoffnung wollte ich das Ruhrgebiet erobern. Ich war tatsächlich überzeugt, in ein Märchenland zu fahren. Meine Mutter begleitete mich. Mein Vater war aus dem Krieg nicht wiedergekommen. Nach Euphorie und Ungeduld beschlich mich beim Einlaufen des Zuges ein merkwürdiges Gefühl. Mutlosigkeit überkam mich. Krampfhaft unterdrückte ich aufkommende Tränen.

Erste Grubenfahrt einer Gruppe von Bergberufsschülern auf der Schachtanlage Shamrock 3/4 in Wanne-Eickel, 1954

Der kleine Kerl wollte doch vor den Augen der Mutter so tapfer sein.

20. Juli 1952
2. Reise
In Hannover (Hauptbahnhof) wurde ein Sammeltransport zusammengestellt, Richtung Essen-Heisingen. In diesem überfüllten Zug waren schon Reisende. Sie kamen offenbar aus ganz Deutschland. Eine feine Gesellschaft war es nicht gerade (laut – zänkisch – zum Teil betrunken). Ich kam mir verloren in dieser Meute vor.

Ruhrgebiet, nur dieser eine Gedanke hielt mich aufrecht. Nach etwa drei Stunden Fahrt veränderte sich die Landschaft. Das tiefgrüne Westfalen verwandelte sich in ein schmutziges Graugrün. Rauchende Schornsteine, Fördertürme und hohe Häuserzeilen sausten an mir vorüber.

Wir haben das Ruhrgebiet erreicht, hörte ich jemanden freudestrahlend sagen. Erste Zweifel an meinem Paradies stiegen in mir hoch. Nach Massenuntersuchung in Heisingen erreichte ich mit viel Mühe die Zeche Buckerwerth in Duisburg. Nach den Formalitäten wurde ich eingekleidet: einen Lederhelm, Arbeitsschuhe, Arbeitsanzug, zwei Hemden. Am späten Nachmittag erreichte ich erschöpft das Lehrlingsheim Flottenstraße in Beeck.

22. Juli 1952
Erste Schicht
4.30 Uhr Wecken – Frühstück – Fußmarsch zur Zeche (etwa drei Kilometer) – 6.00 Uhr Schichtbeginn. Ich stellte mich beim Ausbildungssteiger Jäschke vor. Er war ein freundlicher, verständnisvoller Herr (so stellte ich mir einen Vater vor). Er zeigte mir die Betriebsstätten über Tage. Schreinerei – Schlosserei – Holzplatz – Elektrowerkstatt – Leseband – Hängebank. Überall arbeiteten und lernten Lehrlinge. Und ich sollte einer von ihnen werden. Welch eine Wunderwelt. Diese Wunderwelt wurde noch übertroffen beim Besuch der Maschinenhalle Schacht 1. Stets ging mein Blick zu den sausenden Rädern hoch oben. Ein großes Tor öffnete sich. Ich stand vor einem dampfenden, fauchenden und stampfenden Ungeheuer. Die Fördermaschine. Das Herz einer Zeche. Signale ertönten – kleine Dampfwolken überall – Höllenlärm. Und mittendrin seelenruhig der Fördermaschinist beim Bedienen der Hebel. Ich war überwältigt. Vergessen waren Heimweh und Kummer.

1. September 1952
Erster Lohntag
Mit Herzklopfen empfing ich meinen ersten Lohnzettel. Ich traute meinen Augen nicht. 125 DM netto. Für mich eine astronomische Summe. Mehr als meiner Mutter zu Hause an Rente zur Verfügung stand. Unfassbar, mein plötzlicher Reichtum. Vor vier Monaten hatte ich noch fünfzig Pfennig am Tag verdient. War ich stolz. So viel Geld.

Der bisher glücklichste Tag in meinem Leben. Guter Verdienst – ausrei-

Gruppenbild in der Bergvorschule Hamborn in den 1960er-Jahren

chend Essen – einen gesicherten Arbeitsplatz – ein geregeltes Leben – persönliche Freiheit (war mir sehr wichtig) – sportliche Betätigung – zum ersten Mal trat so etwas wie Kultur in mein Leben. Lesen – im Chor singen – Kinobesuche. Was wollte ich mehr.

1. Juni 1953
Erste Schicht unter Tage
Auf der Hängebank erwartete mich ein älterer Hauer. Er erklärte mir meinen Arbeitsplatz und gab Sicherheitshinweise. Ich hörte angestrengt zu, verstand aber fast nichts. Nach Zugfahrt und Fußmarsch erreichten wir schweißgebadet die Kopfstrecke „Flöz Anna". Hier musste der Streckenausbau erneuert werden. Nur kleine Handreichungen ließ mich der schweigsame Alte machen. Nach etwa sechs Wochen setzte er sich aber immer öfter auf eine Gezähekiste und ließ mich werkeln. Holzbearbeitung, diese Tätigkeit liebte ich besonders. Beim Steiger wurde ich von dem alten Bergmann (er hatte so einen merkwürdigen Husten) über alle Maßen gelobt. War ich stolz. Lob von einem so erfahrenen Menschen. Die dunkle und feindliche Welt unter Tage wurde heller.

Sommer 1953 (genaues Datum entfallen)
Erste Zweifel
Beim Abendessen im Lehrlingsheim wurde der Unfalltod von Detlef B. bekannt gegeben. Eine Schreckensnach-

richt. In einem Blindschacht 60 Meter tief abgestürzt. Stille – Fassungslosigkeit. Wir kamen als einzige aus dem Weserbergland. Die anderen Lehrlinge aus Schleswig-Holstein. Die gemeinsame Heimat verband uns. Plötzlich war ich ein einsamer Mensch. Heimweh stellte sich ein.

Juni 1955
Lehrgeld
Die Lehre hatte ich mit gutem Ergebnis hinter mich gebracht. Nun konnte das richtige Bergmannsleben beginnen. Ich landete aber in einem teilmechanisierten Revier. Schramschaufeln. Und das sieben Stunden. Eine langweilige, eintönige Arbeit. Unwürdig für einen bestens ausgebildeten Knappen. Unmut kam hoch.

Nach einigen Wochen wurde das Gedinge drastisch gekürzt. Eine Abordnung (zwei ältere Hauer und ich als Jüngster) sollte beim Betriebsführer um Rücknahme bitten. Vor der Tür des Betriebsführers war die Reihenfolge: Betriebsrat – die zwei Hauer – ich. Vor dem Schreibtisch im Heiligtum war die Reihenfolge etwas anders: Meine Wenigkeit – die zwei Hauer – der Betriebsrat (dieser Feigling) stand an der Tür. Als Jüngster musste ich nun sprechen. Den ersten Satz hatte ich noch nicht beendet, da brach ein Orkan über mich herein. Der Betriebsführer war bekannt für seine wüsten, beleidigenden Wutausbrüche. Ende der unwürdigen Vorstellung: Der Betriebsrat und meine Kumpel hatten die Flucht ergriffen – ich wurde wegen Rädelsführerschaft fristlos entlassen. Ein Tiefpunkt im jungen Bergmannsleben. Wie einen räudigen Hund vom Zechenhof verjagt. Vorbei die Vorstellung mit den stolzen Bergknappen des Mittelalters in einer Reihe zu stehen.

Sommer 1956 oder 1957
(Datum entfallen)
Feuer im einziehenden Schacht
(Zeche Neumühl)
Im Streb machte sich Brandgeruch bemerkbar. Alles steht. Im Fahrweg huschten Gestalten vorbei. Gestalten in heller Kleidung – alle ohne Licht (Aufsichtspersonen?). Der Brandgeruch wurde stärker. Unter uns Kohlenhauern machte sich Unruhe breit. Dann kam die Anordnung: Sofort zum Schacht (ausziehend). Panik befiel mich. Ich hetzte hinter den anderen her. Der Brandgeruch wurde immer stärker. Todesangst. Wir (etwa 30 Kohlenhauer) erreichten mit Mühe den Schacht. Aufsichtspersonen wurden nicht mehr gesichtet. Rettung? Weit gefehlt. Am Schacht alle Signale tot, das Telefon stumm. Ruhig bleiben – nur ruhig bleiben. Dann großer Jubel. Das Seil bewegte sich. Rettungsmannschaften mit Atemschutzgeräten brachten uns zu Tage. Auch nach über fünfzig Jahren kommt dieser Vorfall im Traum immer wieder.

Wie groß die Gefahr wirklich war, wusste nur die Zechenleitung.

Erste Kohlenkrise 1959 oder 1960
(genaues Datum entfallen)
Steiger wollte ich werden. Nach einem Jahr Aufbauklasse und zwei Jahren Bergvorschule Hamborn kam der Leiter der Bergschule erregt in die Klasse. Er riet uns, den Bergbau zu verlassen. Er hatte gerade die Nachricht aus Bonn erhalten – weitere Zechenschließungen. Ich ließ mich anstecken und verließ Schule und Bergbau. Eine Fehlentscheidung, wie sich später herausstellte.

Es folgten zwei Jahre Arbeit in der freien Wirtschaft. Ein wirtschaftliches Desaster.

1. Februar 1963
Alte Liebe rostet nicht
Reumütig kehrte ich zum Bergbau zurück. Ein Unternehmen suchte Hauer für die Schachtanlage Neukirchen-Vluyn. Ausrichtungsarbeiten. Für einen Bergmann eine Herausforderung. Trotz schwerer Arbeit – Hitze – Wassereinbrüchen – Unfällen, liebte ich meine Arbeit. Und die wurde sehr gut bezahlt. Dort habe ich die besten Kumpel kennengelernt. Allen voran mein Kumpel Erich Deutschmann.

Mai 1965
Eine Fehlentscheidung
Bergingenieur wollte ich jetzt werden. Eine zweijährige Steigerausbildung war zu krisenanfällig. Um ein Studium beginnen zu können, war Abitur oder Fachschulreife nötig. Beides hatte ich nicht. Ich begab mich auf den zweiten Bildungsweg. Nur wer diesen Weg erfolgreich gegangen ist, kann die Belastungen und Qualen ermessen. Ein Leidensweg: dreieinhalb Jahre nur Arbeit – dreimal Schule die Woche – jede freie Minute lernen. Jetzt machte sich meine nur dreijährige Volksschulzeit (kriegsbedingt) bemerkbar. Meine Kinder hatten plötzlich keinen Vater mehr, meine Frau keinen Ehemann. Meine Familie hat sehr gelitten. Alles war diesem Ziel untergeordnet.

September 1968
Abschlussprüfung bestanden
Und dann kam der schwärzeste Tag in meinem Leben. Der Arbeitsdirektor in Neukirchen-Vluyn teilte mir mit: „Wegen der x-ten Kohlenkrise vergibt der Bergbau keine Stipendien mehr." Die ganze Quälerei umsonst. Von diesem Schock habe ich mich mein Leben lang nicht mehr erholt.

Ich habe den Bergbau verlassen. Noch einmal einen Handwerksberuf erlernt. Die Meisterprüfung abgelegt.

Das alles war aber nur ein billiger Ersatz. Der Bergbau hat mich hochgehoben. Der Bergbau hat mich, kurz vor dem Ziel, fallengelassen.

Horst Schlaak, Duisburg

Wehe dem, der zu spät kommt

Angelegt (eingestellt) wurde ich bei dem Bergwerk Dahlbusch in Gelsenkirchen-Rotthausen, um dort am 1. April 1950 meine bergmännische Ausbildung

Harte Arbeit, stark eingeschränkte Bewegungsfreiheit: Der Bergmannsberuf kannte viele Mühen

zu beginnen. Außerordentlich beeindruckt war ich damals von der Unerbittlichkeit, mit der man unpünktlichen Belegschaftsmitgliedern entgegengetreten war.

Jeder Arbeiter hatte, bevor er zur Schicht einfahren sollte, an der Markenstube seine Markennummer, ein kleines Blechstück mit seiner Personalnummer, anzufordern, entgegenzunehmen und diese Identifikationsmarke bis zum Ende seiner Schicht bei sich zu halten. Beim Verlassen des Bergwerks musste er seine Markennummer abgeben. Die Mitarbeiter in der Markenstube, die sogenannten Markenkontrolleure, wurden von der Zechenleitung verpflichtet, auf genaueste Pünktlichkeit zu achten. Pünktlich zu sein, das fiel, wen sollte es wundern, manchen Belegschaftsmitgliedern dann besonders schwer, wenn sie zur Morgenschicht eingeteilt worden waren, die unumstößlich um 6.00 Uhr in der Früh begann.

Sobald die Werkssirene nicht mehr zu hören war, erhielten die Zuspätgekommenen keine Markennummer mehr, sie mussten wieder den Heimweg antreten! Da halfen weder Erklärungen, Entschuldigungen noch flehentliches Bitten, die Schicht war nicht verfahren und wurde auch so gewertet. Das bedeutete für manche Familienväter – und damit auch für deren Angehörige – einen beträchtlichen Verlust.

Nicht ungewöhnlich war es, dass der Betriebsführer des Untertagebetriebs bisweilen persönlich darauf geachtet hat, dass kein Zuspätgekommener eine Markennummer erhielt.

Heinrich Weimer, Gelsenkirchen

Hartgesottene Kumpel

Von 1954 bis 1958 habe ich als medizinisch-technische Assistentin im Gesundheitshaus der Zeche Robert Müser in Bochum-Werne gearbeitet. Es war eine schöne Zeit, mit den „hartgesottenen Kumpel" zu arbeiten, ihnen Blut abzunehmen und sie zu röntgen.

Viele Sprachschwierigkeiten gab es, als die ersten Gastarbeiter kamen. „Bringen Sie mir Ihr Wasser (Urin)", und es kam tatsächlich ein Becher Kranwasser.

Edith Steinkamp, Bochum

Die Blöße des Bergmanns

Mein Großvater war Bergmann, mein Vater auch. Die schwere, staubige Arbeit unter Tage kostete ihn schon früh seine Gesundheit. Darum sollte sein Sohn nicht in den Pütt. Mein Bruder begann also eine Maschinenschlosserlehre im VW-Werk in Wolfsburg. Kurz vor Kriegsende wurde er, wie viele seiner Gleichaltrigen als letztes Aufgebot eingezogen. Als er nach der Gefangenschaft nach Hause kam, war er froh, seine Lehre in der mechanischen Werkstatt über Tage beenden zu können, auf der Zeche Consolidation in Gelsenkirchen. Man machte ihm den Vorschlag, die Bergschule zu besuchen. Als junger Maschinensteiger bekam er dann keine Anstellung über Tage. Inzwischen waren viele Ingenieure aus der Gefangenschaft zurückgekommen, die bevorzugt wurden. So landete er doch unter Tage.

Eines Tages bat ihn ein Kollege um einen Gefallen. Er wollte mit seinem gemischten Kegelklub eine Bergeinfahrt machen und brauchte dazu eine zweite „Aufsichtsperson". „Du kannst auch deine Frau mitbringen", sagte er. Meine Schwägerin hatte aber schon eine Grubenbesichtigung gemacht, und so kam ich in den Genuss.

Es war sehr interessant. Als wir durch den Streb gingen, hieß es plötzlich: „Halt!" Ein Bergmann hatte sich wegen der großen Hitze seiner Kleidung entledigt und musste erst mal seine Blöße bedecken.

Nach der Seilfahrt gab es ein kühles Blondes, um den Staub runter zu spülen. Dann ging es in die Kaue. Die Damen bekamen Einzelkabinen mit Badewanne. Da die Zwischenwände nicht sehr hoch waren, entspann sich ein reger Gedankenaustausch. Die Damen waren ganz begeistert von dem „tollen Augen-Make-up", und auch ich fand das recht gut.

Anneliese Wolkwitz, Essen

Steigerkaue

Mein Arbeitsplatz liegt unter einem Schloss. Nein, nicht „in", sondern „unter"; genauer gesagt 700 Meter unter dem Schlosspark von Essen-Borbeck. Das ist mein Revier. Es ist kein Jagd-, sondern ein Kohlenrevier. Deshalb bin auch nicht Revierförster, sondern Reviersteiger. Es ist Schicht, d.h. der Bergmann hat Feierabend. Hier wäre die nächste Konjunktion fällig, denn es ist erst 14.00 Uhr, also keineswegs abends.

Auch ein Steiger ist am Ende der Schicht schwarz. Nun zieht es ihn in die Kaue, zur Steigerkaue, die etwas reichhaltiger als die Mannschaftskaue aus-gestattet ist. Chef dieses vornehmen Etablissements ist unser Kauenwärter Heinerich. Heinerich ist ein „Astpreiße", kommt also von dort, wo die Leite immer jaanz ruhig bleeben, deshalb ist auch für diesen Posten geradezu prädestiniert. Steiger können sehr unruhig sein und auch sehr durstig. Schon nach zwee, dree Flaschen Mineralwasser ist ihr Mund so trocken, dass nur noch Schnaps hilft. Nicht irgendeiner, es muss „Steinhäger" sein, der aus den Steingutflaschen.

Heinerich hat vorgesorgt: Ein solches Steingut steht schon auf dem Tisch. Nein, vom Waschen ist noch keine Rede, erst müssen die Ereignisse der Schicht ausgiebig besprochen werden. Und weil eine Schicht so lange dauert, wird auch die Besprechung immer länger. Heinerich ist auf seinem Posten: Ein kurzes Kopfnicken von einem aus der nackten Runde und schon ist er auf dem Weg zum Tante-Emma-Laden gleich gegenüber von Schacht Kronprinz. Heinerich weiß den Weg auch

Waschkaue in der Zeche Erin in Castrop-Rauxel. Die Arbeitskleidung wurde an der Decke zum Trocknen aufgehängt

über den Hintereingang. Er braucht nur zu klopfen und schon wird ihm zu jeder Tageszeit neues Steingut gereicht. Traditionsgemäß bekommt der Heinerich zuerst ein volles Zahnputzglas, daher sein Eifer.

Es ist die Runde der Reviersteiger, weil die fast immer Frühschicht haben. Da sitzt der Willy H., dessen rote Nase selbst unter dem Kohlenstaub zu erkennen ist. Neben ihm sitzt Fritz K. auf der Bank, der kein übermäßig gerötetes Körperteil aufzuweisen hat, sonst müsste man ihn Pavian nennen. Man nennt in aber Puddingarsch. Den jüngsten unter ihnen nennen sie Knurrsack, weil er nach dem dritten Schnaps keine Lust oder keinen Durst mehr hat. Der alte Bednarz ist der Älteste, wie es schon der Spitzname sagt, außerdem ist er ebenfalls Ostpreuße und lacht über die Witze immer erst Minuten nach der Pointe.

Aber da ist noch einer: Der Wegener Gustav ist ein Fußballfan. Schon beim dritten Steingut ist er bei seinem Lieblingsthema, der Fußballweltmeisterschaft von 1954. Es ist nicht so sehr das Spielgeschehen, das seine Erinnerung beflügelt, es ist der Ort. Schräg gegenüber vom Schacht befindet sich eine Kneipe, die schon 1954 über einen Fernseher verfügte. Dort saßen sie damals im Schank-raum und fieberten mit, bis Helmut Rahn aus Essen die Ungarn entthronte. Da gab es kein Halten mehr. Alles strömte gleichzeitig zu jenem Ort, wo das genossene Bier letztendlich unterzubringen ist. Nun ist solches Tun nicht ungewöhnlich. Es muss aber doch sehr viel Bier gezapft worden sein. Es gab einen Krach, als die Fußbodendielen, ob des Gewichts der sich gleichzeitig entleerenden Fußballfans, nachgaben. Dummerweise befand sich der endgültige Sammelbehälter für männliche Erleichterungen genau unter diesem Fußboden, da die Kneipe noch nicht an der Kanalisation angeschlossen war. So standen sie nun allesamt bis zu den Knien gemeinsam im eigenen Saft, beim kleinen Willy H. sogar noch etwas höher. Zwar hatte sich im Laufe der Jahre der Geruch, jedoch nicht die Erinnerung verflüchtigt.

Deshalb versucht heute der Gustav die Flanke von Helmut Rahn mit dem Papierkorb der Steigerkaue zu wiederholen, holt dazu mächtig mit dem bloßen Fuß aus, trifft den Papierkorb allerdings nicht voll, dafür aber das Tischbein. Nun überstürzen sich die Ereignisse. Das Steingut geht zu Bruch und wohl auch Gustavs großer Zeh. Der Papierkorb aber landet im hohen Bogen im abgeschlossenen WC des Obersteigers. Gustav, noch etwas benommen, stemmt sich an der Fliesenwand empor, um sich auf der anderen Seite ins WC seines Chefs hinabzulassen. Unter normalen Umständen wäre dies kein Problem gewesen, Gustav ist sportlich und gut in Form. Nun aber will er sich beim Abstieg auf der anderen Seite mit dem Zeh vorsichtig auf den Rand der Waschschüssel stellen.

Modernere Abbaumaschinen und immer tiefer gelegene Schachtanlagen (Bild unten: 5. Sohle des Bergwerks Auguste Victoria in Marl in 1.500 Meter Tiefe) sollten den Bergbau zukunftsfähig machen

Da brüllt er wie ein Stier auf, denn es ist der gebrochene Zeh. Vor Schmerz lässt er die obere Wandkante los, fällt prompt auf das Waschbecken, dieses auf die Bodenfliesen und unser Gustav mit dem nackten Hintern in die Scherben.

Der Heinerich hat sich schnell mit dem halbvollen Steingut aus dem Staub, oder besser, aus den Scherben gemacht. Die übrigen Mitspieler versuchen den Schaden zu begrenzen, den Tisch zu richten, den Papierkorb zurück auf seinen Platz zu bringen und diverse Splitter aus Gustavs Hintern zu entfernen. Dann eilen alle unter die Dusche. Doch das Unwetter naht schon.

Der Obersteiger Kruse ist's, der den Krach in seinem Büro gehört hat. Er ist zum Glück schon gewaschen und angezogen, muss also nicht mehr in die Kaue. Er ermahnt seine Steiger nun doch endlich mit dem Saufen aufzuhören und sich den Schichtenzetteln zu widmen.

Nach seinem Abgang wird ein Handwerker von der Wohnungsverwaltung organisiert, der am späten Nachmittag mit einem neuen Waschbecken anrückt. Heinerich fegt die letzten Scherben zusammen, derweil die Steiger längst vor ihren Schichtenzetteln sitzen. Nur Gustav schreibt im Stehen. Er zieht sich am selben Tag bei der „Gartenarbeit" einen Bruch des großen Zehs zu und muss für mehrere Tage sein Revier vom Steigerzimmer aus lenken.

Fritz Helbig, Essen
eingesandt von Inge Syperek

„Morgenwind“ und andere Grubenpferde

Drama um „Morgenwind“

Eigentlich die romantischste Zeit unter Tage waren die Monate, die ich als Lehrling in der Streckenförderung verbracht habe. Das war auf der schon lange nur noch zur Wetterführung, dem ausreichenden Belüften der Grubenbaue, dienenden zweiten Sohle. Von hier aus wurde ein Abhauen zur dritten Sohle aufgefahren. Das ist eine schräg verlaufende Verbindung in dem gleichfalls schräg gelagerten Flöz zwischen den 100 Meter in der Senkrechten auseinander liegenden Etagen, mit denen die Kohle zum Abbau erschlossen wird. Die zu dem Betrieb führende Strecke war auf den letzten 400 oder 500 Metern so stark im Querschnitt eingeschränkt und das Schienengleis so unzuverlässig, dass der Abtransport der mit Gestein beladenen Wagen und das Herbeischaffen der leeren nur mit Hilfe von Pferden möglich war. Trotzdem entgleisten immer wieder einzelne Wagen oder auch zwei oder drei hintereinander. Sie mussten dann mit Hilfe von etwa drei Meter langen Rundhölzern mühsam wieder mit Hebelwirkung auf das Gleis gesetzt werden, das meistens anschließend auch noch eine notdürftige Reparatur nötig hatte. Die drei letzten Pferde im Untertagebetrieb der Schachtanlage Lohberg waren hier im Einsatz. Und ich hatte das Glück, mit ihnen noch arbeiten zu können. Es wurde in zwei Schichten gearbeitet. Vormittags war ein Meisterhauer mit zwei Lehrlingen für den An- und Abtransport, auch des benötigten Ausbaumaterials, zuständig. Nachmittags waren zwei zuverlässige Lehrlinge sogar auf sich alleine gestellt. Nach einiger Zeit waren Alfred K. und ich ständig nur auf Mittagsschicht und damit unser eigener Herr. Der Ortsälteste für das Abhauen sollte einen Blick auf uns werfen. Aber weil alles reibungslos bei uns lief, sahen wir ihn nur am Schichtende beim gemeinsamen Gang zum Schacht.

Unsere drei Braunen hießen Vera, Odin und Morgenwind. Jedes Pferd hatte seine Eigenheiten. Die Stute Vera war die agilste, zog aber trotzdem nicht mehr als fünf volle Wagen. Das konnte sie abzählen aus dem Anrucken jeden Wagens beim Anfahren aus dem lockeren Knebel, dem Kupplungshaken, heraus. Bei mehr als fünf Rucken blieb sie einfach stehen. Dabei hätte sie spielend auch acht ziehen können. Auch der rundliche Wallach Odin streikte bei mehr als fünf Wagen. Aber durch das Werfen kleiner Steinchen auf sein gut gepolstertes Hinterteil ließ er sich schon mal zu einem sechsten überreden. Doch dann peitschte er mit seinem Schwanz die Luft und hatte einen unerschöpflichen Vorrat an Fürzen, mit denen er gegen eine solche Zumutung laut und geruchsintensiv protestierte. Das Pferd ohne Mucken war Morgenwind. Klaglos zog der, was auch angehängt war. Weil seine Gutmütigkeit auf der Frühschicht oft ausgenutzt wurde, dort fiel allerdings auch mehr Arbeit an, versuchten wir mittags immer, ihn möglichst zu schonen.

Aber diese seine Bereitwilligkeit wäre ihm auch auf unserer Schicht beinahe zum Verhängnis geworden, uns sehr wahrscheinlich ebenfalls. An dem Tag hatten wir nur noch Zeit für einen Transport. Es waren aber sieben volle Wagen Richtung Schacht zu bringen. Also musste wir ausnahmsweise noch einmal Morgenwind anschirren. Auf dem Weg gab es ein Teilstück mit etwas Gefälle. Dort musste der Zug abgebremst werden um nicht dem Pferd in die Hinterbeine zu fahren. Denn eine Deichsel gab es nicht. Das Bremsen geschah durch das Einstecken einer Remme, dem Rundholz, zwischen Wagenrahmen und einem Rad. Das ergab einen kurzen Last-, aber einen langen Kraftarm, auf den wir uns sehr wirksam mit unserem Körpergewicht stellten. Dummerweise war gerade die Gefällstrecke so eng, dass das Gehen neben dem Zug nicht möglich war. Wir konnten also nur den letzten Wagen bremsen, dabei jeder mit einem Fuß auf einem Rundholz und mit dem anderen auf dem Puffer stehend. Dabei hielten wir uns mit den Händen am oberen Wagenrand fest. Eine Lampe hatten wir vor den ersten Wagen gehängt, obwohl das Pferd vielleicht den Weg noch besser in völliger Dunkelheit gefunden hätte. Die zweite Lampe hing seitlich an unserem letzten Wagen. Im entscheidenden Moment brach zuerst Alfreds Remme. Eine vorher nicht bemerkte Nuss im Holz war die Ursache. Ich versuchte mit aller Kraft die fehlende Bremswirkung zu ersetzen, aber der Zug beschleunigte langsam und stetig. Unter unserer gemeinsamen Bemühung brach schließlich auch mein Holz. Wir mussten hilflos den Ereignissen ihren Lauf lassen und kauerten übermannt von den Ereignissen auf unserem Wagenpuffer. Inzwischen hatte sich unter dem starken Rütteln der schneller werdenden Wagen die seitlich hängende Lampe ausgeschaltet oder sogar den Geist ganz aufgegeben und wir sahen überhaupt nichts mehr. Plötzlich ging ein starker Ruck durch den ganzen Zug. Dann setzte er etwas verlangsamt seine Fahrt weiter fort. Was war mit Morgenwind geschehen? War er überfahren worden und vielleicht stark verletzt?

Als der Zug endlich durch wieder leichtes Ansteigen des Gleises zum Stehen kam und wir uns nach vorne tasten konnten, fanden wir dort die gleichfalls ausgegangene erste Lampe noch an der Wagenwand hängend. Sie ließ sich wieder einschalten. Aber wo war das Pferd? Ein Teil des Geschirrs hing zerrissen von der Wagenwand herab. Aber das war auch schon alles. Mit zitternden Knien gingen wir zurück. In der einzigen Ausbaulücke auf der engen Gefällstrecke war Morgenwind in seiner Angst vor den immer schneller werdenden Wagen hinter ihm mit sicherem Instinkt nach rechts ausgebrochen und hatte es, sich ein-klemmend zwischen die dort eng zusammenstehenden Holzstempel, darauf ankommen lassen, dass das Geschirr reißen würde. Jetzt lag das Pferd dort schweißüberströmt, schwer atmend auf dem Boden Zwar waren keine Verletzungen zu erkennen, aber warum stand es nicht auf? Wir versuchten, es mit Hilfe unserer Remmen etwas anzuheben. Aber das ist bei einem so großen Tier aussichtslos. Während wir es noch streichelten und ratlos waren, wieherte es einmal kurz und stand im nächsten Moment auf allen Vieren. Zwar zitterten seine Beine, aber vorsichtiges Führen über einige Schritte ließ keinen Knochenbruch noch sonstige Verletzungen erkennen. Solche Erleichterung wie da habe ich selten empfunden. Was haben wir unseren Morgenwind anschließend gepflegt, ihn abgerieben, ihm reichlich Hafer und frisches Wasser gegeben und ausgiebig gestriegelt und kartätscht. Ich meine, das zerrissene Geschirr hätten wir unauffällig verschwinden lassen und erzählt haben wir, jedenfalls ich, niemandem etwas.

Aber als junge Burschen, die wir waren, hat es auch manches gegeben, das nicht zu unseren Aufgaben gehörte.

Der Pferdestall mit seinen offenen Futterraufen war natürlich auch ein magnetischer Anziehungspunkt für Ratten. Außerdem herrschten angenehm warme Temperaturen. Das verlockte viele Heimchen immer wieder zu ihren Konzerten. Beide Tierarten waren inzwischen beinahe handzahm geworden. In den Pausen saßen wir auf der Gezähkiste, eine große Holzkiste, in der das Arbeitsgerät (Gezähe) des Bergmanns meist unter Verschluss verwahrt wurde. Dann versammelten sich meist direkt außerhalb des kleinen Lichtkreises unserer Lampen die Ratten aus der näheren Umgebung. Das Rascheln des Butterbrotpapiers hatte sie angelockt, wahrscheinlich auch der Essensgeruch. Bald hatten wir folgenden Sport entwickelt: Ein kleines Stück Brot oder Wurst wurde gerade so weit von uns auf die Streckensohle, den Boden, gelegt, dass es gerade noch in Reichweite eines der drei Meter langen Rundhölzer, unserer Remmen, war. Die Remme lag mit dem einen Ende auf dem im Sitzen waagerechten Oberschenkel und wurde dort mit der Hand oder dem Unterarm in der Schwebe gehalten. Jetzt begann das Geduldspiel. Wer würde zuerst schwach werden? Würde die Ratte eher der duftenden Versuchung erliegen und sich unter das andere Ende der Remme wagen oder würde vorher unsere Kraft erlahmen und wir das Holz nicht mehr halten können? Nur selten hatten wir die längere Geduld und Ausdauer. Und als Treffer galt nur, wenn die Ratte dazu auch quiekte. Denn sehen konnte man das bei dem schlechten Licht und der Flinkheit des Tieres nicht.

Ein anderer Sport, nämlich das Reiten, hat uns auch verschiedentlich von der zeitweiligen Langeweile abgeholfen. Zu diesem Zweck wurden, in etwa 20 Meter Abstand, unsere beiden Lampen in der Streckenfirste (an der Decke)

Grubenpferde waren wertvolle Arbeitskräfte im Untertagebetrieb der Schachtanlagen – und für viele Kumpel auch eine selbstverständliche Gesellschaft beim „Buttern“

aufgehängt. Das war dann unser Reitsaal. Denn im engeren Bereich des Pferdestalls war der Ausbau erneuert worden und bot so genügend Höhe, auf dem Pferd sitzen zu können ohne mit dem Kopf anzustoßen. Nachdem wir wechselweise schon über Tage hinweg lange genug auf dem stoischen Odin hin- und hergeritten waren, versprachen wir uns von der spritzigeren Vera etwas mehr Reitvergnügen, vielleicht sogar einen kleinen Trab. Zuerst kam Alfred an die Reihe. Aber auch Vera wollte keine schnellere Gangart einlegen. Bevor ich dann einen Versuch unternahm, ließ ich mir von Alfred hoch und heilig versprechen, er wolle seinerseits nichts unternehmen, um das etwas unberechenbare Tier zu reizen. Schließlich kannte ich den Charakter meines Arbeitskameraden. Ich saß also oben und spürte gleich: Das ist ein anderes Kaliber als Odin. Vorsichtig versuchte ich, die Stute durch leichte Hackenstöße in die Flanken zu einem kleinen Trab zu bewegen. Aber sie warf nur unmutig den Kopf hin und her. Plötzlich bemerke ich aus dem Augenwinkel, wie Alfred sich bückt und im nächsten Moment eine Hand voll Splitt gegen Veras Hinterbacken wirft. Das Pferd bäumt sich auf, geht dann hinten hoch und ich fliege im hohen Bogen gegen einen in der Nähe stehenden Mittelstempel. An dem rutsche ich hinunter und kann gerade noch hinter ihm meinen Kopf in Sicherheit bringen als von der anderen Seite Vera dem Holz mit der Hinterhand einen energischen Tritt verpasst. Dann saust das aufgebrachte Tier im Galopp in die Dunkelheit davon. Es braucht kein Licht um sich zurecht zu finden. Für Alfred ist das alles höchst belustigend. Er biegt sich vor Lachen und kann kaum wieder aufhören. Für mich allerdings ist das Reiten jetzt endgültig vorbei.

„Das Höchste aller Gefühle" in dieser Zeit waren mir die Momente, in denen ich in einer Futterraufe saß und auf Tuchfühlung neben mir der große Pferdeschädel mit dem Geräusch der mahlenden Zähne das duftende Heu aufnahm. Es herrschte eine wunderlich traute Harmonie zwischen Tier und Mensch. Und wenn ich dann nach wiederholtem kraftvollen Anstupsen mit dem weichen Maul bedeutet bekam, gefälligst auf die andere Seite der Raufe zu rücken, um das unter mir liegende Futter freizugeben, schien es, als gäbe es keine Verständigungsschwierigkeiten zwischen uns.

Hans Blume, Oberhausen

Apfelschimmel Dagobert

Ich war zwar nur von 1953 bis 1962 im Bergbau beschäftigt, doch haben gerade diese Jahre bleibende Erinnerungen hinterlassen. Hier eine kleine Geschichte aus dieser Zeit:

Apfelschimmel Dagobert

Dagobert, zur damaligen Zeit wohl eines der letzten Grubenpferde im Ruhrgebiet, führte in seinem Stall auf der dritten Sohle in unmittelbarer Schachtnähe ein beschauliches Leben – kaum Arbeit, reichlich Futter, jeden Samstagmittag ab auf die Weide, bevor Montagfrüh wieder der warme Stall bezogen wurde.

Das änderte sich etwas, als zwei Arbeitskollegen und ich zusammen mit einem Ausbilder etwa Anfang 1955 zur dritten Sohle versetzt wurden. Unsere Arbeitsstelle war eine arg vom Abbaudruck ramponierte Flözstrecke im Nordfeld. Sie wurde noch für die Wetterführung in einem benachbarten Förderstreb benötigt, drohte jedoch an einigen Stellen zu Bruch zu gehen. Hier war mit der gebotenen Umsicht der gebrochene Streckenausbau auszuwechseln.

Das dabei anfallende Bergematerial wurde in Förderwagen geladen, die zunächst im Querschlag abgestellt wurden. Für den gelegentlichen Abtransport dieser Bergewagen zum Schacht und für den Rücktransport von Leerwagen war Dagobert zuständig. Ein paar Wagen (es gab zwei Wagengrößen) wurden angekuppelt, ein Rad als Dauerbremse blockiert, das Zuggeschirr am vorderen Wagen befestigt und dann ging's los Richtung Schacht.

Dagobert wusste genau, worauf es ankam: Immer schön das Geschirr auf Zug halten, denn in dem vom Abbau mitgenommenen Querschlag gab's immer mal wieder kleine Gefällstrecken, die den Zug trotz des blockierenden Rades schneller werden ließ. Dann bestand die Gefahr, dass ihm die Wagen in die Hinterbeine fuhren – und das wusste Dagobert.

Auf unserem Weg zum Schacht – Licht spendete nur meine Lampe – war die Wetterschleuse auf halber Wegstrecke ein besonders neuralgischer Punkt. Diese Wetterschleuse gewährleistete, dass auch bei Förderung und Fahrung immer die stabile Wetterstromverteilung im Grubengebäude sichergestellt wurde – mindestens eine Tür der Schleuse war immer geschlossen. Sie fiel nach dem Passieren von Mensch oder Förderzug automatisch zu.

Mein Problem bestand darin, dass ich vor Dagobert herlaufen musste, um ihm zur Durchfahrt die erste Wettertür zu öffnen, dann die zweite und schließlich die dritte. Dagobert nämlich konnte gar nicht anders, als stur geradeaus zu laufen: Blieb er stehen, drohten ihm die Wagen die Hinterbeine zu lädieren, aus dem Gleis zu treten verhinderte der links und rechts stehende Ausbau. Es blieb nur die „Flucht" nach vorn.

Erst in unmittelbarer Schachtnähe, wo die Strecke sich verbreiterte, zweispurig wurde und der Ausbau noch intakt war, konnte er ins Nachbargleis treten – die kleine Zugeinheit kam zum Stillstand.

Problematisch wurde es, wenn wir uns ohne Leerwagen auf den Rückweg zum Nordfeld machten, um die nächsten Vollen zum Schacht zu holen. Dagobert war nämlich der Meinung, genug getan zu haben und steuerte jedes Mal seinen Stall an. Doch ich hatte vorgesorgt und mir reichlich Melassestücke aus dem Futterbehälter in seinem Stall in die Tasche gesteckt. Erst mit diesen Leckerchen konnte ich ihn zur Weiterarbeit „überreden".

Erich Figge, Mülheim an der Ruhr

Das Pferd im Förderkorb

Am 1. April 1953 begann ich mit 14 Jahren bei der Bergbau AG Lothringen

Harmonie zwischen Mensch und Tier: Grubenpferde waren unter Tage treue Begleiter der Bergleute

in Bochum-Gerthe meine Ausbildung als Berglehrling. In der Ausbildungswerkstatt mit etwa 20 Lehrlingen lernten wir den Umgang und die Arbeitsweise mit dem Beil, eines der Hauptwerkzeuge für den Bergmann beim damaligen Holzausbau unter Tage, kennen. Wir lernten, das Beil selbst zu schärfen und damit Holzstempel anzuspitzen sowie die entstandenen Flächen glatt zu hobeln.

Disziplin und Gehorsam waren beim Ausbildungsleiter keine hohlen Worte. Eine kleine Anekdote aus meiner Erinnerung: Neben der Lehrwerkstatt waren Toiletten, acht Türen nebeneinander. Verbotenerweise wurde dort schon mal geraucht. Trotz Ermahnung durch den Ausbildungsleiter kam es immer wieder vor. Seine Gegenmaßnahme war kurz, aber wirksam. Er ließ alle Toilettentüren ausbauen. So saßen wir offen auf dem Präsentierteller (von Jugendvertretung und Betriebsrat hatte ich damals noch nichts gehört.).

Mit 16 Jahren kam ich unter Tage ins Lehrrevier Lothringen, Schacht 3, vierte Sohle, Flöz Sonnenschein. Ich hatte noch das Glück, hier mit dem Grubenpferd „Hans" arbeiten zu dürfen, wenn auch mit Tücken. Der Meisterhauer (Ausbilder) sagte mir am Schacht, hier war der Stall vom Grubenpferd Hans: „Nimm den Hans mit zur Ladestrecke und bring die Kohlenwagen zum Schacht." Gesagt, getan: Ich nahm Hans ans Kopfgeschirr, und wir gingen etwa 20 Minuten zur Ladestrecke. Um das Zuggeschirr an den Kohlenwagen zu befestigen, musste ich das Kopfgeschirr loslassen. Jetzt kam die Tücke des Objekts: Kaum hatte ich ihn losgelassen, lief er mitsamt Zuggeschirr polternd Richtung Schacht, denn dort war ja sein Stall. Verdammter Gaul, fluchte ich vor mich hin. Es dauerte nicht lange, bis der Meisterhauer kam und fragte, warum ich die Kohlenwagen noch nicht zum Schacht gebracht hätte. Ich erzählte ihm von der missglückten Transportaktion. „Ja", sagte er mir, „da musse auch die Lampe ein paar Meter in Richtung Schacht stellen, in dat Licht läuft er nich rein." Also holte ich Hans vom Schacht/Stall zurück und wiederholte die Aktion. Laut Anweisung stellte ich die Lampe einige Meter Richtung Schacht. Da ich nur eine Lampe hatte, war es zum Anhängen des Zuggeschirrs stockdunkel. Hans trat mir beim Ankuppeln auf die Hände. Wieder hieß es: „Verdammter Gaul."

Monate später durfte ich dabei sein, wie das Grubenpferd nach Übertage transportiert werden sollte. Ich kann versichern, es war eine wahre Prozedur. Ihm wurden die Augen abgedeckt, und mehrere Kumpel schoben ihn rückwärts über eine Holzbühne auf den oberen Satz des Förderkorbes. Die Breite des Förderkorbes reichte aber nicht, um das Pferd in der Länge aufzunehmen. Die Kumpel drückten Hans permanent auf den einseitig geschlossenen oberen Satz. Der Druck wurde verstärkt. Das Pferd konnte seitlich und nach hinten nicht mehr entweichen. An der offenen Seite des Förderkorbes wurden nun die Gitter eingerastet und solange gedrückt, bis Hans gezwungen war sich hinzusetzen und die Vorderfüße hochzuziehen, bis die Gitter geschlossen werden konnten. So saß er im wahrsten Sinne wie ein Osterhase auf dem oberen Satz des Förderkorbes. Es hört sich abenteuerlich an, aber ich versichere, es so erlebt zu haben.

Bedingt durch einen Unfall mit tiefer Fleischwunde am Oberarm, den ich als Hauer im Hobelstreb erlitt, lernte ich hautnah die so genannten „Götter in Weiß“ kennen. Ich wurde notdürftig verbunden ins Bergmannsheil nach Bochum gebracht. Der Arzt saß hinter seinem Schreibtisch und empfing mich mit den Worten: „Wie heißt der Mann, was hat der Mann?“ Die Wunde wurde von einem Medizinstudenten unter Aufsicht genäht, das Ergebnis ist noch heute zu besichtigen. Bei dem Gedanken an den Vorfall dreht sich mir jetzt noch der Magen um. Mit heutiger Einstellung hätte ich dem verehrten Doktor wohl den Schreibtisch umgekippt.

Von 1958–1960 besuchte ich die Bergvorschule in Herne, denn ich wollte Steiger werden. Zur Vorsicht machte ich auch noch die Aufnahmeprüfung zur Bergschule in Bochum. Der Niedergang des Bergbaus zeichnete sich durch Feierschichten bereits ab. So sagte ich Ende 1960 dem Bergbau ade. Nach zwei Jahren Tätigkeit in der Stahlkontrolle im Gussstahlwerk Witten kam 1962 mit OPEL mein „Matchwinner“. Als Werksmeister ging ich 1998 mit 60 Jahren in den Ruhestand.

Obwohl ich nur etwa sieben Jahre im Bergbau tätig war, hat mich diese Zeit in den jungen Jahren doch sehr geprägt. Noch heute bin ich den Kumpel verbunden. Die kameradschaftliche Zusammenarbeit unter Tage lässt mich noch mit 70 Jahren als Bergmann fühlen.

Horst Urbanowitz, Gladbeck

Conti, das Pferd mit dem traurigen Blick

Conti war der Name des Grubenpferdes, dem ich 1955 auf der Schachtanlage Prosper 3 begegnete. Ich weiß nicht, wo seine Geschichte begann, kann mir nur denken, wo sie endete.

Nach meiner Lehre als Schlosser musste ich mit 17 Jahren im Grubenbetrieb der Schachtanlage arbeiten. Da ich noch keine Nachtschicht machen durfte, wurde ich dort im Materiallager eingesetzt. Ich war überrascht, dort am Eingang der Strecke einen kleinen Pferdestall vorzufinden. Dort stand Conti, ein sehr gut gepflegtes Kaltblut. Dieses Pferd wurde für kurze Zeit mein tierischer Freund.

Nachdem Conti morgens aus dem Stall kam, um eingespannt zu werden, stand es traurig mit hängendem Kopf in der Strecke. Dies erweckte mein Mitgefühl, und ich streichelte seinen Kopf. Ich beschloss, Contis Dasein etwas zu

Eine historische Aufnahme: 1966 ist auf dem Bergwerk General Blumenthal in Recklinghausen für „Tobias", das letzte Grubenpferd im Ruhrbergbau, Schicht am Schacht

verschönern und brachte ihm nun täglich Möhren, Äpfel und trockenes Brot mit in die Grube.

Den ersten Weg, den Conti von da an aus dem Stall machte, war sofort zu meinem Sitzplatz, wo ich mein Frühstück einnahm. Mit freudigem Schnauben wurde ich täglich begrüßt. Mein Freund war manchmal ungeduldig und zerrte an meiner Jackentasche, wenn ich ihm nicht schnell genug seinen Leckerbissen reichte.

Als ich mich einmal etwas weiter entfernte, ging Conti sofort zu meinem alten, jetzt leeren Platz. Man konnte merken, dass das Pferd etwas suchte. „Ja, kannst du mich denn nicht sehen, bist du blind?" dachte ich. Da erzählten mir die älteren Kollegen, dass Grubenpferde früher oder später alle blind werden, da sie höchstens einmal im Jahr über Tage durften. Conti hat schon mehrere Jahre kein Tageslicht mehr gesehen, da zu seinem Transport der Strom der Oberleitungen für die Fahrdrahtleitungen abgeschaltet werden musste.

Nachdem wir unser Butterbrot gegessen hatten, wurde Conti von einem Kollegen vor den Materialzug gespannt, der reparaturbedürftiges Material zum Lagerplatz bringen sollte. Conti war ein schlaues Pferd und konnte bis acht zählen. So bremste Conti den Materialzug kurz nach dem Anziehen mit seinem Gesäß ab und hörte es dann sieben Mal klacken – einmal pro angehängtem Wagen. Machte es acht oder neun Mal „klack", ging Conti nicht weiter. Wir mussten einen Wagen abhängen oder den Abstand zum nächsten Wagen mit der Hand auf Distanz halten.

Am Ende der sonderbewetterten Strecke hatte Conti Pause. Meine Kollegen und ich mussten Material sortieren oder die Verbindungsklammern an Gummitransportbändern ersetzen. Nach drei Stunden Arbeitszeit hieß es auch für uns Pause. Conti war während der ganzen Zeit ausgespannt und döste vor sich hin. Bei 28 Grad Betriebstemperatur war ich als 17-jähriger Neubergmann platt und suchte nur noch ein Brett, um mich einmal ganz ausstrecken zu können.

Nach 30 Minuten war die Dubbelzeit um, und der Vorarbeiter drängte zum Weitermachen. Conti beugte sich zu mir und weckte mich mit einem Pferdekuss – da war ich wieder voll da. Conti bekam mein Restbrot, und ich machte mich an die Arbeit. Am Ende der Schicht wurde unser Arbeitspferd eingespannt und zählte wieder die Wagen. Da es nur sieben Mal „klack" machte, zog Conti den Materialzug zufrieden gen Pferdestall, während wir müde im Hängegurt des Förderwagens saßen. Vor dem Stall wurde Conti ausgespannt, bekam Hafer und Wasser und von mir noch einen Klaps auf seinen breiten Pferdepo.

Für uns ging es zum Schacht und über Tage. Während sich die Kumpel mit „Glückauf" grüßten, dachte ich an Conti und daran, ob es für ihn auch noch einmal ein „Glückauf" geben würde.

Auch heute, mehr als 50 Jahre nach unserer Begegnung, denke ich beim Anblick von grasenden Pferden an meinen Freund Conti. Ich möchte gern wissen, was aus ihm geworden ist. Wer weiß etwas über die letzten Tage von Conti?

Helmut Maas, Bottrop

Kleine Chronik des Ruhrbergbaus

1801–1803
Franz Dinnendahl baut die erste Dampfmaschine im Ruhrgebiet.

1804
Im Ruhrrevier werden 229 Zechen betrieben. Fördermenge: 380.000 Tonnen Steinkohle.

1809
Erster Einsatz der Dampfmaschine für die Wasserhaltung einer Zeche in Betrieb (Schacht Josina der Zeche Ver. Sälzer und Neuack in Essen).

1811
Friedrich Krupp gründet in Essen seine Gussstahlfabrikation.

1815
Der Engländer Humphrey Davy entwickelt die erste Grubensicherheitslampe.

1818
Friedrich Harkort erwirbt die Burg Wetter und errichtet dort im folgenden Jahr die Mechanischen Werkstätten.

1829
Bau der Muttentalbahn.

1832
Als erster Tiefbauschacht im Ruhrgebiet durchstößt der durch Franz Haniel geteufte Schacht Franz die Mergelschicht.

vor 1840
Erstmals werden auf der Zeche Wiesche in Mülheim an der Ruhr Grubenpferde eingesetzt.

1844
Als älteste Arbeitersiedlung des Ruhrgebiets wird durch die Gutehoffnungshütte (Oberhausen) die Werkssiedlung „Eisenheim" errichtet.

1846–1847
Inbetriebnahme der Köln-Mindener-Eisenbahn (Köln – Altenessen – Wanne – Herne – Dortmund).

ab 1850
Bau der ersten Malakofftürme (nach dem im dem Krimkrieg 1853–55 belagerten Fort Malakoff benannt) vor allem in der Hellweg- und Emscherzone.

1850
Im Ruhrrevier werden 198 Zechen betrieben. Anzahl der Beschäftigten: 122.000, Fördermenge: zwei Millionen Tonnen Steinkohle.

1854
Erlass des Knappschaftsgesetzes. Für Jugendliche unter 16 Jahre wird die Arbeit unter Tage durch die Bergbehörde verboten.

1857
Ein starker Konjunkturrückgang führt zu zahlreichen Zechenstilllegungen.

1865
Das Allgemeine Berggesetz für die Preu-

ßischen Staaten wird erlassen. Aus den Bergwerken werden selbstständige Unternehmen. Gleichzeitig wird das Bergrecht im Hinblick auf die Bergleute stark reformiert.

1866
Die Verwendung von Dynamit für Schießarbeiten wird eingeführt.

1868–1871
Bei insgesamt drei Schlagwetterexplosion auf der Zeche Neu-Iserlohn in (Bochum-)Langendreer sterben 117 Bergleute.

1872
Auf Essener Gebiet kommt es zum ersten großen Bergarbeiterstreik.

1885
Die Bergwerksunternehmen gründen erstmals eine Bergbau-Berufsgenossenschaft.

1889
Beim bislang größten Streik der Bergarbeiter im Revier beteiligen sich über 80 Prozent der Beschäftigten.

Auf der Ruhr endet die wegen dem Bau der Eisenbahnen bedeutungslos gewordene Frachtschifffahrt.

1890
Die Essener Schachtanlage Zollverein weist als erste Zeche eine Förderung von über einer Million Jahrestonnen auf.

1893
Das Rheinisch-Westfälische Kohlensyndikat wird gegründet.

1898
Eine Schlagwetterexplosion auf der Zeche Ver. Carolinenglück in Bochum fordert 116 Tote. Auch auf der Zeche Zollern kommen bei einem Grubenbrand 46 Kumpel ums Leben.

1900
Im Ruhrrevier werden 170 Zechen betrieben. Anzahl der Beschäftigten: 228.000, Fördermenge: 60,1 Millionen Tonnen Steinkohle.

1908
Nach einer Schlagwetterexplosion und dem anschließenden Grubenbrand sind auf der Zeche Radbod in (Hamm-)Bockum-Hövel 349 Tote zu beklagen. Ein Jahr später werden auf Radbod erstmals im Ruhrrevier sämtliche Bergleute mit elektrischen Handgrubenlampen ausgerüstet.

1919
Abschluss des ersten Tarifvertrages zwischen Zechenverband und Bergarbeitergewerkschaften.

1922
Der Ruhrbergbau erreicht mit 576.644 Menschen die höchste Beschäftigtenzahl.

1925
136 Bergleute sterben nach einer Koh-

lenstaub-Schlagwetterexplosion auf der Dortmunder Zeche Ver. Stein & Hardenberg (Minister Stein).

1930
Das Deutsche Bergbau-Museum in Bochum wird gegründet.

1939
Der Ruhrbergbau erreicht mit einer Fördermenge 130,2 Millionen Tonnen einen historischen Höchststand.

1944
Eine Reihe von schweren Grubenunglücken erschüttert den Bergbau im Ruhrgebiet. Schlagwetter fordern auf der Hammer Zeche Sachsen 169 Tote, während auf der Zeche Monopol Schacht Grimberg 3/4 in Bergkamen 107 und auf der Dortmunder Zeche Hansa 94 Menschen sterben.

1946
Gründung des Industrieverbandes Bergbau.

Auf der Zeche Grimberg 3/4 in Bergkamen kommt es zur größten Katastrophe in der Geschichte des Ruhrbergbaus. 408 Menschen sterben (davon drei über Tage) bei einer verheerenden Schlagwetterexplosion.

1950
Im Ruhrrevier werden 143 Zechen betrieben. Anzahl der Beschäftigten: 433.359, Fördermenge: 103 Millionen Tonnen Steinkohle.

1951
Die Europäische Montan Union (Europäische Gemeinschaft für Kohle und Stahl) wird gegründet.

1953
Einführung der 7,5-Stunden-Schicht für Bergarbeiter unter Tage.

1955
Im Mai wird auf der Zeche Dahlbusch zur Rettung von drei verschütteten Bergleuten erstmals die so genannte „Dahlbuschbombe“ eingesetzt. Nur wenige Monate später, im August, kommt es auf der Zeche Dahlbusch zu einer weiteren Schlagwetterexplosion (42 Tote).

1958
Durch die sich verschärfende Absatzkrise für Steinkohle kommt es zu ersten Feierschichten.

1959
Einführung der 5-Tage-Woche. Gleichzeitig wird die Schichtverlängerung von 7,5 auf 8 Stunden beschlossen.

1966
Das letzte Grubenpferd im Ruhrbergbau – genannt „Tobias“ – kommt auf dem Bergwerk General Blumenthal in Recklinghausen nach Übertage.

1968
Das „Kohlegesetz“ wird beschlossen. Es soll zur Anpassung und Gesundung des deutschen Steinkohlenbergbaus führen.

Gleichzeitig wird die Ruhrkohle AG (RAG) als Einheitsgesellschaft gegründet.

1976
In Witten-Herbede wird mit Egbert die letzte Kleinzeche stillgelegt.

1977
Auf der Zeche Monopol in Bergkamen wird mit 1.415 Meter Teufe der tiefste Abbaubetrieb im Ruhrrevier erreicht.

Die Vereinigung Deutscher Elektrizitätswerke (VDEW) und der Gesamtverband des Deutschen Steinkohlenbergbaus (GVSt) schließen einen Vertrag, der 1980 durch den so genannten „Jahrhundertvertrag" bis 1995 verlängert wird. Das Abkommen regelt die Subventionierung der eigentlich unrentablen deutschen Steinkohle durch den „Kohlepfennig".

1986
Stilllegung des letzten Bergwerks in Essen, der Zeche Zollverein.

1987
Mit der Zeche Minister Stein wird das letzte Bergwerk in Dortmund stillgelegt.

1990
Im Ruhrrevier werden 19 Zechen betrieben. Anzahl der Beschäftigten: 101.000, Fördermenge: 54 Millionen Tonnen Steinkohle.

1992
Startschuss und Abschied in Dortmund: Während die neugebaute Großkokerei Kaiserstuhl 3 in Betrieb genommen wird (nur acht Jahre später wurde sie wieder stillgelegt), stellt die Kokerei Hansa den Betrieb ein.

1993
Nach der Stilllegung der letzten Essener Kokerei Zollverein bestehen im Ruhrgebiet noch drei Kokereien: Hassel, Kaiserstuhl 3 und Prosper.

1994
Die Zusammenführung von Ruhrkohle Niederrhein AG und Ruhrkohle Westfalen AG zur Ruhrkohle Bergbau AG wird abgeschlossen.

2009
Es gibt noch vier fördernde Bergwerke im Ruhrgebiet: BW West in Kamp-Lintfort, BW Prosper-Haniel in Bottrop, BW Auguste Victoria in Marl und BW Ost in Hamm.

2018
Vor dem Hintergrund, dass die staatlichen Subventionen für die Kohleförderung auslaufen, schließt mit dem Bergwerk Prosper-Haniel in Bottrop der letzte aktive Pütt des Ruhrgebiets. Der die Region prägende Steinkohlenbergbau ist nach knapp 200 Jahren Geschichte.

GLOSSAR

Abbau
a) die Gewinnung von Mineralien,
b) Grubenbau, in dem die Gewinnung betrieben, abgebaut wird

Abbaustoß
Gewinnungsstelle

Abkehr, abkehren
Ausscheiden aus einem Bergbaubetrieb

ableuchten
Methangehalt der Grubenwetter mit der Wetterlampe messen

absenken, abteufen
einen Schacht von oben nach unten herstellen

Abwetter
verbrauchte Wetter (Luft)

Alter Mann
abgebauter, verbrochener oder mit Versatz gefüllter Teil eines Flözes, aufgegebener Grubenbau

anfahren
a) sich nach Untertage begeben,
b) einen Punkt im Gebirgskörper erreichen, z.B. eine Störung anfahren

anlegen
die Arbeit in einem Bergbaubetrieb aufnehmen

Ansatzpunkt
Punkt, von dem ein Stollen vorgetrieben oder ein Schacht abgeteuft wird

Anschläger
Arbeiter, der die Seilfahrt überwacht und dem Fördermaschinisten die Signale gibt

Anthrazit
Kohle mit hohem Inkohlungsgrad, hohem Heizwert und hohem Kohlenstoffgehalt (96 %) sowie gelbrötlichem metallischen Glanz, früher sehr begehrtes Hausbrandmittel

Aufbereitung, Aufbereitungsanlagen
Trennung der Kohlen vom Nebengestein und Klassifizierung nach Korngrößen, Anlagen und Einrichtungen dazu (Separation/Sieberei)

auffahren
einen Grubenraum herstellen

auflassen
einen Grubenbau aufgeben oder abwerfen

Aufschluss, aufschließen
freigelegte Lagerstätte, eine geologische Schicht oder ein Flöz freilegen

aufwältigen
verbrochene oder verfüllte Grubenräume wiederherstellen

Augenschein
die bergamtliche Fundbesichtigung einer Lagerstätte, in „Augenschein" nehmen

Ausrichtung
Aufschluss einer Lagerstätte bis in die Nähe des geplanten Abbaus, überwiegend im Nebengestein

Bank, Kohlenbank
früher: Lager, Flöz; heute: Flözteil, z. B. Ober- oder Unterbank

Barbara, Heilige
Schutzheilige der Bergleute. Barbaratag ist der 4. Dezember

Bau
bergmännisch hergestellter Grubenraum, Grubenbau, Grubenbaue

bauen, abbauen
Kohle oder anderes Mineral gewinnen

Baufeld
untertägiger Bereich, der für den Abbau bestimmt ist oder in dem abgebaut wird

bauwürdig, Bauwürdigkeit
wirtschaftlich abbaubares Flöz oder Minerallagerstätte

Befahrung
Besichtigung eines Bergwerkes unter oder über Tage durch eine Aufsicht oder Bergbehörde

Berechtsame, Gerechtsame
Nutzungsrecht, Bergwerkseigentum
Bergamt
a) Bergbehörde (untere Instanz),
b) Unterhaltungspause der Bergleute, „Bergamt halten“
Bergbehörde
Behörde zur Beaufsichtigung der Bergbaubetriebe und der Bergbauunternehmen, Bergrevier, Bergamt, (Landes)-Oberbergamt
Berge
taubes Gestein; Nebengestein, das nicht das abgebaute Mineral enthält
Bergemittel
tauber Gesteinsstreifen in einem Flöz
Bergeversatz
in Hohlräume eingebrachtes taubes Gestein (Berge)
bergfrei
a) noch nicht zum Abbau verliehene Lagerstätte,
b) aufgehobene Belehnung bzw. Berechtsame, ins Bergfreie gefallene Berechtsame, bergfrei fallen = die bergrechtliche Verleihung aufheben
Berggefälle
Abgabe für die Wahrnehmung eines Bergrechtes, Abgabe für einen Bergbaubetrieb an die Bergbehörde
Berggeschworener
staatlicher Bergrevierbeamter, Beamter der aufsichtführenden Bergbehörde, Bergbeamter, dem Bergmeister nachgeordnet
Bergmeister
staatlicher Bergrevierbeamter
Bergregal
landesherrliches Verfügungsrecht über nutzbare Mineralien und das daraus abgeleitete Recht zur Erhebung von Bergwerksabgaben (Zehnt)
Bergrevier
Bereich, Abteilung eines Bergamtes
Bergwerk
a) Berechtsame,
b) bergbaulicher Betrieb
Besatz
Verfüllung eines Bohrlochs mit Sprengstoff
Bewetterung
Be- und Entlüftung eines Grubengebäudes
Blindschacht
nicht zum Tage ausgehender Schacht, der Grubenräume verschiedener Sohlen verbindet
Brandkohlen
alte Bezeichnung der für den Eigenverbrauch der Bergleute bestimmten Deputatkohlen
Bruch
zerstörter Grubenraum
Buckeln
ein Bergmann wäscht dem anderen im Waschraum den Rücken
Buttern
Ruf zur Esspause (s. auch Dubbeln)
Consorten, Consortes
s. Konsorten
Debit
Kohlenverkauf, Kohlenabsatz, z.B. Landabsatz, Absatz zur Ruhrschifffahrt
Deckgebirge
Gesteinsschichten oberhalb des Steinkohlengebirges
Dubbeln
Ruf zur Esspause (s. auch Buttern)
durchbauen
den Querschnitt eines verdrückten Grubenraumes wieder herstellen
Esskohle
nicht oder nur schwachbackende Schmiedekohle, Name von Schmiede-Esse, Schmiedefeuer, Kamin, Schornstein

fahrbar, befahrbar
für Menschen zugänglich
Fahren, Fahrung
Fortbewegen der Menschen unter Tage
Fahrte
Leiter
Fäustel
leicht gebogener Hammer mit zwei Schlagflächen
Fimmel
starker Keil aus Eisen für Vortriebsarbeiten
Firste
obere Begrenzung eine Grubenbaues, d.h. über dem Kopf des Bergmanns befindlich
Flöz
plattenförmige, flächig geformte Lagerstätte
Flözleeres
Teil des Karbons (Steinkohlengebirge), das keine Kohlenschichten (Flöze) führt
Fördermaschine
maschinelle Einrichtung, mit der die Fördereinrichtungen in einem Schacht bewegt werden. Eine Fördermaschine besteht aus Antrieb und Treibmittel, über den das Förderseil läuft und bewegt wird. Entsprechend der Funktion sind Förderkörbe (mehretagige Fahrstühle) zum überwiegenden Teil für den Material- und Personentransport oder Fördergefäße für Schüttgüter im Schacht eingesetzt.
fördern
Fortschaffen der gewonnenen Mineralmasse aus den Grubenbauen auf die Erdoberfläche oder auch in den Bauen selbst von einem Ort zum anderen
Freie, ins Freie fallen
gelangen s. bergfrei
Gebirge
Bergmännische Bezeichnung für das umgebende Gestein von Kohle, Salz, Erz, Öl, Gas, etc.
Gefälle
a) Grubengefälle, Berggefälle: Bergwerksabgabe an den Staat und an die Knappschaft,
b) Gefälle eines Gewässers: Höhenunterschied zwischen Ober- und Unterwasser an einer Wassermühle
Geleucht
Bergmännische Bezeichnung für Beleuchtungsmittel
Gesenk
ein geteufter Blindschacht
Gestänge
Gleis einer Grubenbahn, auch Stangen zur Kraftübertragung von Maschinen
gewinnen
Kohle abbauen
Gezäh
bergmännisches Werkzeug
Glückauf
Gruß der Bergleute. Historische Bedeutung: Man wünschte sich Glück, der Erzgang möge sich „auftun".
Göpel
von Menschen, Tieren, Wasser oder Dampf betriebene Schachtwinde
Grubengebäude
sämtliche Untertageräume einer Zeche
Grubenfahrt
Befahrung einer Grube
Halde
übertägige Aufschüttung von Kohle (Kohlenhalde) oder Gestein (Berge- oder Steinhalde)
Hangendes
über der Lagerstätte (Flöz) befindliche Schichten (Gegenteil: Liegendes)
Haspel
Winde, Gerät zur Förderung in Schächten, Strecken und Bremsbergen
Hauer
erfahrener, geprüfter Bergmann

Hauptstollen
gleichbedeutend mit Erbstollen

Hund, Hunt
Förderwagen

Jungbergmann
Jugendlicher mit einem Arbeitsvertrag, die Ausbildung ist durch Tarifvertrag festgelegt

Kappe
meist waagerechter Teil eines Ausbaues

Karbon
a) Zeitabschnitt (Formation) der Erdgeschichte, Periode des Erdaltertums (Paläozoikum). Im Oberkarbon bildete sich die Steinkohle,
b) Gesamtheit der in diesem Zeitabschnitt gebildeten Gesteinsablagerungen, Karbongebirge

Kaue
Gebäude am Schacht oder Stollenmundloch als Witterungsschutz, Versammlungsort der Bergleute, heute Waschkaue, Umkleide- und Waschraum

Keilhaue
Spitzhacke

Kerbholz
Holzstab, in den zur Kontrolle von Abrechnungen Kerbe eingeschnitten werden

Kötter
Bewohner eines Kottens, einer kleinbäuerlichen Nebenerwerbsstelle, eines Bergmannskottens

Kohle
Pflanzenüberreste, die sich über mehrere Millionen Jahre unter Luftabschluss stofflich umgewandelt haben (Inkohlungsgrad). Dabei hat eine relative Anreicherung des Kohlenstoffs stattgefunden.

kohlen
Kohlen abbauen

Kohlenbahnen
Verbindungswege der Zechen zu den Kohlenniederlagen

Kohlenniederlage
umfriedete Lagerplätze, auf denen die einzelnen Zechen ihre Kohlen lagerten, bis sie auf die Ruhraaken, die Lastkähne der Ruhrschiffer, oder zum Landabsatz verladen wurden

Kohlenwäsche
nasse Aufbereitung, Trennung der Kohlen vom Nebengestein

Kokerei
Anlage zur Umwandlung von Kohle in Koks. Eine Kokerei besteht insbesondere aus Koksofenbatterien, der Kokssieberei und Anlagen zur Gewinnung von Kohlenwertstoffen. Bei Schüttbetriebanlagen wird die Kohle von einem Kohlenturm in Füllwagen abgezogen. Im Füllwagen wird die automatisch abgewogene Kokskohle über die Ofenkammer gefahren und in die Kammern abgelassen. Nach der Verkokung wird der rd. 1 000° C heiße Koks mit der Koksausdrückmaschine aus der Kammer in den Löschwagen gestoßen, unter den Löschturm gefahren und dort gelöscht. Abschließend wird in der Sieberei auf die von den Verbrauchern benötigten Kornfraktionen (Klassierung) abgesiebt.

Konsolidation
Vereinigung zweier oder mehrerer Bergwerke oder Berechtsamen in rechtlicher Sicht

Konsorten
Mitglieder einer bergrechtlichen Gewerkschaft, Gewerken, Mitbesitzer, Kompagnons

Kotten
kleinbäuerliche Nebenerwerbsstelle, Bergmannskotten

Kumpel
Bergmann

Kunstwerk, Wasserkunst
Wasserpumpeneinrichtung zum Abpumpen des Grubenwassers unterhalb der wasserableitenden Stollensohle

Längenfeld
ursprünglich auf ein Flöz beschränktes Feld (mit kleiner Vierung), später auch mehrere Flöze umfassend (mit großer Vierung)
Laufkarre
von einem Mann geschobene Kohlenkarre
Leder, Fahrleder, Arschleder
lederne Schürze, die der Bergmann zum Schutz vor Verletzungen auf dem Gesäß trägt
Lichtloch
Wetterschacht eines Stollens
Liegendes
unter der Lagerstätte (Flöz) befindliche Schichten (Gegenteil: Hangendes)
Lochstein
übertägiger Grenzstein von Grubenfeldern
Mächtigkeit
Dicke einer Lagerstätte (eines Flözes), im rechten Winkel zwischen Hangendem und Liegendem gemessen
Markscheide
untertägige Grenze eines Grubenfeldes, einer Berechtsame oder eines Bergwerks
Markscheider
akademisch gebildeter Vermessungsingenieur im Bergbau
melierte Kohlen
gemischte, unbehandelte Förderkohlen unterschiedlicher Größe
Mulde
trogartiger Verlauf der Lagerstätte (Gegenteil: Sattel)
Mundloch
Tagesöffnung, Eingang eines Stollens (oder manchmal auch eines Schachtes)
Nebengestein
Gestein im Hangenden oder Liegenden der Lagerstätte (Flözes)
Obersteiger
a) früher staatlicher Bergbeamter,
b) heute höherer Zechenangestellter
Ort, das
a) das Ende einer Strecke,
b) Bezeichnung von Grubenbauen, z.B. Bruch-, Feld-, Flügel-, Kopf-, Mittel- und Stollenort,
c) Spitze einer Keilhaue, eines Hammers u. ä.,
d) bei Maß-, Gewichts- und Währungseinheiten = 1 Viertel, trifft auf alle Systeme zu
Panne
kurzstielige rundliche Blechschaufel (auch Pannschüppe)
Pferdegöpel
von Pferden angetriebene Schachtwinde
Pinge
a) Vertiefung durch alten Abbau von der Tagesoberfläche her, Abbaukuhlen,
b) Vertiefung durch Zusammenstürzen oberflächennaher Grubenbaue, Tagesbruch
Pütt
a) Schacht eines Bergwerks von puteus (lateinisch) = Brunnen,
b) volkstümliche Bezeichnung für Zeche
Querschlag
Grubenbau quer zum Streichen der Schichten, quer durch die Schichten
querschlägig
s. Querschlag
Raubbau, auf Raub bauen
unvollständiger Abbau einer Lagerstätte mit Auswahl der besten Partien, um schnell ohne Rücksichtnahme auf die Zukunft möglichst großen Gewinn zu erzielen
Revier
a) Distrikt eines Landes mit einer Lagerstätte,
b) Bereich eines Bergamtes = Bergrevier,
c) Verantwortungsbereich eines Reviersteigers unter Tage

Rolloch, Rolle
enger, geneigter (ronnlägiger) Grubenbau zur Abförderung der Kohle durch ihre Schwerkraft

Rosskunst
von Pferden betriebener Göpel

Rösche
Graben zum Ableiten von Grubenwasser, s. Seige, Wasserseige

Sattel
kammartiger Verlauf der Lagerstätte (Gegenteil: Mulde)

Schacht
Grubenbau, der eine Lagerstätte von der Tagesoberfläche her nach unten erschließt

Schachtscheibe
Schachtquerschnitt mit Einbauten und Einteilung in die verschiedenen Trumme

Schicht
a) Tagesarbeitszeit auf einem Bergwerk. Für den Untertagearbeiter beträgt diese acht Stunden. Sie beginnt mit der Seilfahrt und endet mit der Ausfahrt nach Übertage. Eine Ausnahmeregelung gilt für Arbeitspunkte u. T., an denen eine Temperatur von mehr als 28 Grad Celsius gemessen wird. Dort ist die Arbeitszeit um eine Stunde reduziert.
b) Kurzform für unterschiedliche Gesteinsschichten, in der Regel im Nebengestein

Schichtleistung
in Relation gesetzt wird das Arbeitsergebnis in Tonnen verwertbare Förderung (TvF) und der Arbeitsaufwand, bemessen in Arbeiter (Mann) pro Arbeitstag (Schicht).

Schichtmeister
Rechnungsführer im alten Bergbau, zugleich zuständig für den Übertagebereich in technischer Hinsicht

Schiefer
Gestein, das in dünnen Platten spaltbar ist. Gesteine, die ihre gute Spaltbarkeit feiner Schichtung verdanken, werden mit „schiefrig" oder dem Zusatz „Schiefer" bezeichnet, z. B.: schiefriger Sandstein, Schieferton, Schieferkalk

Schlepper
angelernter Bergmann

Schlämmen
Schlamm aus dem Stollen entfernen

Schlagende Wetter
explosible methanhaltige (5–14 % CH_4) Grubenluft

Schräm
herausgemeißelte Rinne am unteren Rand des Kohlenstoßes

Schürf, schürfen, erschürfen
Freilegung eines nutzbaren Minerals

Schüttelrutsche
breite Rinne aus blankem Stahlblech

Seige
Graben zum Ableiten von Grubenwasser, Wasserseige, s. Rösche

seiger, saiger
senkrecht

Seilfahrt
Personenbeförderung in Schächten

senken
einen Schacht senken, s. teufen

Sohle
a) untere Begrenzungsfläche einer Strecke oder eines Stollens,
b) Stockwerk im Grubengebäude

söhlig
horizontal

Sprung
Störung, Verwerfung der Gesteinsschichten

Steinkohlengebirge
s. Karbon, Gesamtheit aller Gesteinsschichten, in denen Steinkohlenflöze angetroffen werden

Steiger
Grubenaufsichtsperson,
a) früher staatlicher Bergbeamter,
b) heute technischer Zechenangestellter

Stempel
stehender Teil eines Grubenausbaues

Stollen
ein etwa horizontal in das Gebirge führender Grubenbau, meist mit einem Anstieg von etwa 1:400 zur besseren Ableitung des Grubenwassers

Stollensohle
s. Sohle, untere Begrenzungsfläche eines Stollens

Stollenmundloch
s. Mundloch

Stollenvortrieb
s. Vortrieb, Anlegen, Vortreiben, Auffahren eines Stollens

Stollenzeche
Zeche, deren Lösung durch einen Stollen erfolgt, im Gegensatz zum Tiefbau

Störung, Störungszone
Sprung, Verwerfung der Gesteinsschichten

Strassbäume
Hölzer (Kant- oder Rundhölzer), die zur Unterstützung der auf Biegung empfindlichen Eisenschienen in Laufrichtung der Schienen unter den Schienen auf den quer dazu verlaufenden Schwellen verlegt wurden

Streb
langer, schmaler Gewinnungsraum. Auf der Längsseite ist er einerseits vom Flöz und anderseits vom Bruchfeld (Alter Mann) begrenzt. Ein Streb bewegt sich quer zu seiner Längsrichtung in die Lagerstätte. Die Streblänge wird begrenzt durch zwei zueinander parallel verlaufenden Abbaustrecken. Über die gesamte Länge hält der Schildausbau den Hohlraum offen. Die Höhe eines Strebes entspricht der des Flözes.

Strecke
horizontaler Grubenbau für Fahrung, Förderung und Materialtransport, der im Gegensatz, zum Stollen von anderen Grubenbauen aus angelegt ist; Stollenstrecke: Abschnitt eines Stollens

Stufe
a) markscheiderisches Kennzeichen,
b) ein Stück Gestein, meist Kristalle enthaltend,
c) durch Absetzen des Hangenden in den unteren Dachschichten erkennbare Verschiebung

stunden
einen Betrieb vorläufig einstellen (Streb stunden, Vortrieb stunden)

sümpfen
Wasser aus einer Grube oder einen Sumpf abpumpen

Sumpf
Vertiefung zum Ansammeln von Grubenwässern

Tagesbruch
eine infolge des Zusammensturzes eines Grubenbaues oder infolge Abbaus dicht an der Tagesoberfläche entstandene Vertiefung

Tagetrieb
söhlige oder geneigte Strecke, von unter Tage zur Tagesoberfläche getrieben

Tagesanlagen
über Tage befindliche Gebäude und Einrichtungen eines Zechenbetriebes

Teckel
Grubenwagen zum Transportieren von Holz und anderem Material unter Tage

Teufe, Tiefe, Seigerteufe
senkrechte Teufe, flache Teufe = Länge eines tonnlägigen (geneigten) Schachtes

teufen, abteufen
einen Schacht (ab-)teufen, einen Schacht von oben nach unten herstellen, niederbringen

Tiefbau
Bergbau mit Schächten, aus denen das Grubenwasser hochgepumpt werden muss
tonnlägig
geneigt, mit dem Einfallen der Schichten verlaufend
Trum, Trumme Türstock
Ausbau aus Holz oder Stahl, bestehend in der Regel aus zwei Stempeln und einer Kappe
unveritzt
noch nicht abgebaut, vom Bergbau unberührt
verbauen
einen Grubenbau mit Ausbau versehen
Verdrückung, Verrückung
gestörter Zusammenhang der Gesteinsschichten, wobei diese gegeneinander verschoben sind, s. Verwerfung
Verlochsteinung
Kenntlichmachung der Grenzen eines Grubenfeldes durch Setzen von Lochsteinen (Grenzsteinen)
Versatz, versetzen
s. Bergeversatz
Verwerfung
gestörter Zusammenhang der Gesteinsschichten, wobei diese gegeneinander verschoben sind, s. Verdrückung
Vierung
a) Vierung eines Grubenfeldes = räumliche Ausdehnung des Grubenfeldes vom Fundpunkt aus ins Hangende oder Liegende,
b) Schachtgevierte = Schachtausbau
Vortrieb
a) Auffahrung einer Strecke, eines Stollens,
b) Ortsbezeichnung
vor Ort
untertägige Arbeitsstelle, insbesondere im Streckenvortrieb
Wäsche, Kohlenwäsche
nasse Aufbereitung der Kohle, Abscheidung von taubem Gestein (Waschberge)
Waschkaue
Gebäude mit Umkleide- und Waschraum
a) Weißkaue: Ort, an dem die Bergleute ihre Straßenkleidung an- und ausziehen
b) Schwarzkaue: Ort, an dem die Bergleute ihr Grubenzeug an- und ausziehen
Wasserhaltung
a) Räume und Betriebseinrichtungen (Pumpen), um die Grubenbaue wasserfrei zu halten,
b) der Vorgang, die Tätigkeit, die Grubenbaue wasserfrei zu halten
Wetter
Luft in Grubenbauen, frische, matte, böse, schlagende Wetter
Wetterüberhauen
ansteigender, bis zur Tagesoberfläche führender Grubenbau im Flöz zur schnelleren Wetterlösung
Wetterführung
Maßnahmen, um Grubenbauen frische Wetter (Luft) zuzuführen und verbrauchte oder schädliche Wetter aus ihnen abzuführen
Wetterlampe
Sicherheitslampe zum Überprüfen der Wetter (Grubenluft) auf Grubengase
Zeche
bergbaulicher Betrieb

Unter Verwendung von: Joachim Huske: Die Steinkohlenzechen im Ruhrrevier. Daten und Fakten von den Anfängen bis 1997. 2., überarb. und erw. Aufl., Bochum, Deutsches Bergbau-Museum, 1998

Autoren | Erinnerungen

Angenendt, Gisela	70
Asch, Hans	90
Barnehl, Günter	92
Beier, Prof. Dr. Ernst	92
Blume, Hans	131, 148, 166
Bonner, Gerda	72
Bütow, Horst	123
Conrad, Jürgen	31
Demme, Paul	35
Deppe, H.	22
Detlinger-Pfeiffer, Doris	97
Fabricius, Gisela	36
Fabry, Willi	132
Figge, Erich	170
Glaefke, Elfriede	74
Harder, Michael	114
Hartjes, Paul	135
Heilmann, Dieter	103
Helbig, Fritz / Syperek, Dr. Inge	160
Hille, Werner / Boßler, Heinrich / Neumann, Harald	128
Hüßhoff, Walter	64
Kaapke, Manfred	38
Kersting, Helmut	75
Klein, Harry	80
Knura, Günter	118
Kollorz, Fritz	142
Könitz, Gerhard	34
Krüger, Ursula	81
Lammich, Christoph	135
Laszlob, Wilhelm	138
Laubner, Ingo	149
Lembke, Carl*	24
Lempert, Hermann	42
Lorenz, Helga	99
Maas, Helmut	99, 174
Meier, Marlies	81
Michaelsen, Birgit	43
Müller, Horst	126
Oeynhausen, Hans	98
Pemp, Herbert	46
Peukert, Heinz	48
Pietsch, Hartwig	110
Rekus, Jutta	84
Ren, Manfred	142
Rochlitz, Gerhard	95
Rossmanek, Rudolf	108
Sankowski, Mathilde	111
Schäfer, Rosemarie	150
Schlaak, Horst	152
Schmelter, Peter	102
Schmidt, Walter	36
Scholler, Dr. Dietrich	53
Soltysik, Dieter	108, 150
Steinkamp, Edith	159
Steven, Karl-Heinz	55
Tölle, Hannes	57
Urbanowitz, Horst	171
Walter, Erwin	35
Wehde, Werner	88
Weimer, Heinrich	157
Weis, Elisabeth	84
Wolkwitz, Anneliese	159
Zonka, Ingrid	86

*Carl Lembke ist auch Autor des Bandes „Schwarze Diamanten. Der Ruhrbergbau von seinen Anfängen bis zum endgültigen Ende“, ISBN 3-8311-1786-1

Autoren

Prof. Dr. Klaus Tenfelde († 2011)
war Direktor des Instituts für soziale Bewegungen und Vorsitzender des Vorstandes der Stiftung Bibliothek des Ruhrgebiets. Er gehörte der Historischen Kommission für Westfalen und dem Wissenschaftlichen Beirat des Hauses der Geschichte, Bonn, an.

Thomas Wels
Bis September 2014 Leitender Redakteur bei der Westdeutschen Allgemeinen Zeitung (WAZ).

Herausgeber

Rolf Potthoff († 2025)
Ehemaliger Redakteur bei der Westdeutschen Allgemeinen Zeitung (WAZ), Mit-Herausgeber mehrerer zeitgeschichtlicher Dokumentationen.

Achim Nöllenheidt
Leiter des Klartext Verlags. Zahlreiche Veröffentlichungen u.a. zur Ruhrgebiets-, Fußball- und Populärgeschichte.